北京市干部学习培训教材

全国科技创新中心建设
认识与实践

中共北京市委组织部组织编写

北京出版集团公司
北京出版社

图书在版编目（CIP）数据

全国科技创新中心建设认识与实践／中共北京市委
组织部组织编写. — 北京：北京出版社，2019.2
北京市干部学习培训教材
ISBN 978－7－200－14210－5

Ⅰ．①全… Ⅱ．①中… Ⅲ．①科技中心—建设—北京
—干部培训—教材 Ⅳ．①G322.71

中国版本图书馆 CIP 数据核字（2018）第 168779 号

北京市干部学习培训教材
全国科技创新中心建设认识与实践
QUANGUO KEJI CHUANGXIN ZHONGXIN JIANSHE RENSHI YU SHIJIAN
中共北京市委组织部组织编写
*
北 京 出 版 集 团 公 司
北 京 出 版 社 出版
（北京北三环中路6号）
邮政编码：100120
网　　址：www．bph．com．cn
北 京 出 版 集 团 公 司 总 发 行
新 华 书 店 经 销
北京汇瑞嘉合文化发展有限公司印刷
*
787 毫米×1092 毫米　　16 开本　　16.25 印张　　210 千字
2019 年 2 月第 1 版　　2019 年 2 月第 1 次印刷
ISBN 978－7－200－14210－5
定价：49.00 元
如有印装质量问题，由本社负责调换
质量监督电话：010－58572393

《全国科技创新中心建设认识与实践》编委会

主　　编：许　强

副 主 编：伍建民　杨仁全

编　　委（按姓氏笔画排序）：

王英建　支现伟　叶茂林　刘　航

李长萍　杨　珊　周金星　姜广智

姜泽廷　桂　生　绳立成　谢　威

序　言

习近平总书记高度重视和深切关怀首都北京发展，党的十八大以来4次视察北京，5次对北京发表重要讲话，明确了首都城市战略定位，为我们"建设一个什么样的首都，怎样建设首都"指明了方向。进入新时代，首都的发展与党和国家的使命更加紧密地联系在一起，率先全面建成小康社会，建设好伟大社会主义祖国的首都、迈向中华民族伟大复兴的大国首都、国际一流的和谐宜居之都，是摆在我们面前的庄严历史使命。

越是重大历史关头，我们党越是重视和抓紧学习。习近平总书记强调，我们党既要政治过硬，也要本领高强，全党要来一个大学习。进入新时代，首都干部需要有新气象新作为，要更加自觉地融入党和国家工作大局，认真对照总书记提出的"八个本领""五个过硬"要求，坚持把学习作为立身之本、履职之基，努力练就一身能干事、干成事的真本领。

编写这套教材是服务首都高素质干部队伍建设的重要举措。各区各部门各单位要认真组织广大干部学习使用教材，不断深化对习近平新时代中国特色社会主义思想的学习贯彻，不断提升素质能力，以时不我待、只争朝夕的劲头，奋力开拓首都各项工作新局面。

北京市干部学习培训教材编委会

目 录

第一章　什么是科技创新中心

北京要明确城市战略定位，坚持和强化首都全国政治中心、文化中心、国际交往中心、科技创新中心的核心功能，深入实施人文北京、科技北京、绿色北京战略，努力把北京建设成为国际一流的和谐宜居之都。

——2014 年 2 月 26 日习近平总书记视察北京工作时的讲话

北京最大的优势在于科技和人才。要以建设具有全球影响力的科技创新中心为引领，集中力量加快"三城一区"建设，深化科技体制机制改革，努力打造北京发展新高地。

——2017 年 2 月 24 日习近平总书记视察北京工作时的讲话

科技兴则民族兴，科技强则国家强。在2016年5月召开的全国科技创新大会、中国科学院第十八次院士大会和中国工程院第十三次院士大会、中国科学技术协会第九次全国代表大会上，习近平总书记着眼新时代、新形势、新任务，深刻论述了建设世界科技强国的战略意义，明确了推动科技创新的五大任务。在新的历史起点上，党和国家把科技创新摆在更加重要的位置，吹响建设世界科技强国的号角。建设世界科技强国，需要布局建设若干具有全球影响力的科技创新中心，打造建设世界科技强国的排头兵，为全国创新发展探索新路、积累经验。《国家创新驱动发展战略纲要》和《中华人民共和国国民经济和社会发展第十三个五年规划纲要》都对"支持北京、上海建设具有全球影响力的科技创新中心"做出了明确部署。支持北京、上海建设科技创新中心，是党中央、国务院着眼于建设创新型国家而做出的重大战略布局，也是实施创新驱动发展战略的重要抓手，必须从全局和战略高度来认识和理解科技创新中心所肩负的历史使命，这对于充分发挥北京和上海的独特优势，抢抓新一轮科技和产业变革机遇，集聚全国乃至全球高端创新资源，抢占战略制高点，推动我国创新跨越发展，实现建设世界科技强国"三步走"目标，具有重要的现实意义和深远的历史意义。

　　建设具有全球影响力的科技创新中心，是党中央、国务院赋予北京的重大历史使命，也是北京服务国家建设世界科技强国的重大战略机遇。北京市委、市政府坚决贯彻习近平新时代中国特色社会主义思想，牢固树立"四个意识"，提高政治站位，紧贴国家战略，把科技创新作为引领发展的第一动力，做建设创新型国家和世界科技强国的排头兵。北京市委书记蔡奇指出，北京的发展就寓于"四个中心"功能建设和"四个服务"之中。现阶段的北京，减量发展是特征，创新发展是出路，而且是唯一出路。北京市市长陈吉宁强调，科技创新是北京实现高质量发展的第一动力，建设具有全球影响力的科技创新中心，是北京的优势和职责使命。

新思想引领新时代，新使命开启新征程。全国科技创新中心建设，承载着中华民族伟大复兴的重任，北京将以更大决心和担当推进科技创新中心建设，为加快建设创新型国家和世界科技强国做出更大贡献！

第一节　科技创新中心的内涵

科技创新包括"科学""技术""创新"这三层内容。科学是人类基于好奇心和求知欲，对自然界客观规律的探索和新知识的发现，如牛顿力学、相对论等；技术是改造世界的方法、手段和过程，表现为科学知识基础上的技术发明和持续升级，如从白炽灯、日光灯到半导体照明的发明、升级；创新是把生产要素和生产条件的"新组合"引入生产体系，形成新产品，开拓新市场，培育新业态、新产业的过程，如智能手机、电动汽车、互联网的商业化过程①。当前由此引申出比较多的是创新链的概念，表现为从科技基础设施、基础研究、应用研究、成果转化到"高精尖"产业发展的全过程、全链条。根据《现代汉语词典》（第7版）对"中心"一词的解释，本书所指的"中心"，是指在创新发展中占据重要地位的城市或区域。

在上述概念或提法的基础上，国内外许多学者相继提出了"世界科学活动中心""全球技术创新中心""技术成长中心"等相近的概念。就其本质而言，这些概念和提法所描述的都是不同时期科技创新活动在世界范围内的空间非均衡分布及其集聚力、竞争力、驱动力、辐射力和影响力。

对于"科技创新中心"这个概念的内涵和外延，目前学术界尚没有统一的界定和详尽描述，对其内在演化机理的认识更需在实践中逐步深化。

---

① 万钢：《全球科技创新发展历程和竞争态势》，人民网理论频道，2016年3月10日。

关于科技创新中心及相关概念的讨论包含了国家和城市两个层面的含义[1]。

关于国家层面，最早可追溯到英国学者贝尔纳，他在《历史上的科学》一书中对科学的历史进程做了整体概述，在世界范围内揭示了科学进步的不均衡增长，刻画了"世界科学活动中心"随时间流逝而转移的概貌。受贝尔纳的启发，日本学者汤浅光朝用定量化的指标确定了16世纪至20世纪世界科学活动中心及其科学兴隆期。根据汤浅光朝的定义，世界科学活动中心是指某个时期取得的重大科学成果数据超过同时期全世界取得的重大科学成果总数的25%的国家，一个国家保持其处于世界科学活动中心地位的时间，汤浅光朝称之为科学兴隆期[2]。

关于城市层面，相关概念始于20世纪80年代。随着硅谷、波士顿、慕尼黑和班加罗尔等一批具有一定国际影响力的科技活动中心或新兴产业中心的异军突起，学者们对科技活动的空间分布格局问题的关注开始逐步从国家层面下移到次国家的区域或城市层面。美国《连线》杂志于2000年最早提出了"全球技术创新中心"的概念，并通过对政府、企业界、媒体等专业人士的咨询，评选出46个全球技术创新中心。全球技术创新中心的本质是指全球科技创新资源密集、科技创新活动集中、科技创新实力雄厚、科技创新成果辐射范围广大，从而在全球价值网络中发挥显著增值功能并占据领导和支配地位的城市或地区。该杂志文章认为全球技术创新中心主要具有以下四大特征：第一，当地高校与科研机构具有创新研发的能力；第二，当地企业主要依靠科技驱动发展；第三，当地创业创新环境优越，创办初创型公司的积极性很高；第四，具有良好的科技成果转化和孵化支持制度[3]。随后，联合国《2001年人类发展报告》在此基础上提出了

---

[1] 杜德斌，何舜辉：《全球科技创新中心的内涵、功能与组织结构》，《中国科技论坛》，2016年第2期。

[2] YUASA M. Center of scientific activity: its shift from the 16th to the 20th century, Japanese studies in the history of science, 1962, 1（1）。

[3] 傅超，张泽辉：《国内外科技创新中心发展经验借鉴与启示》，《科技管理研究》，2017年第23期。

"技术成长中心"的概念，指将众多的研究机构、创业型企业和风险投资公司集聚在一起的地区。2011年，澳大利亚的智库2 Think Now发布了"全球最具创新力100城市排行榜"，从文化资产、产业与基础设施、市场网络等三个维度界定创新城市，并将全球100个创新城市细分为支配型城市（Nexus city）（排名前30的城市）、中心城市（Hub city）、节点城市（Node city）三个等级。

从全球范围来看，创新活动总是相对集中在那些知识密集和创新要素聚集的城市或区域。在每一个历史时期，总有一个国家成为世界科学中心，引领世界科学技术发展的潮流，经过80至100年转移他国。因此，科技创新中心的发展是一个长期演进和转型升级的过程，也是内驱动力不断转换和升级的过程。美国学者迈克尔·波特将经济发展分为4个阶段：一是生产要素驱动阶段，依靠土地、资源、劳动力等生产要素的投入来获得发展动力和竞争优势。二是投资驱动阶段，以资本投资作为经济社会发展的主要推动力，竞争优势的获得主要依靠投资供给的推动。三是创新驱动阶段，以科技创新为核心，以创新为第一动力，以人才为第一资源，体现为高水平大学、科研机构集聚，高素质人才持续流入，具有全球影响力的科技型企业密集涌现。四是财富驱动阶段，竞争优势的基础是已积累起来的财富，财富管理和金融创新是其主要驱动力，体现为金融机构的集聚和升级、大量的企业兼并和收购现象。

北京建设全国科技创新中心，可以追溯到2009年3月，国务院做出了《关于同意支持中关村科技园区建设国家自主创新示范区的批复》，明确要求将中关村科技园区建设成为具有全球影响力的科技创新中心。2011年3月，《中华人民共和国国民经济和社会发展第十二个五年规划纲要》指出，把北京中关村逐步建设成为具有全球影响力的科技创新中心。2013年9月30日，十八届中共中央政治局到中关村集体学习，习近平总书记提出中关村要加快向具有全球影响力的科技创新中心进军。2014年2月26日，习近平总书记视察北京并发表重要讲话，明确了首都全国政治中心、文化中心、国际交往中心、科技创新中心的城市战略定位。2016年5月，中共中央、国务院发布《国家创新驱动发展战略纲要》，进一步提出"推动北京、上海等优势地区建成具有全球影响力的科技创新中心"。2017年2月24日，习近平总书记再次视察北京，强调要以建设具有全球影响力的科技创新中心为引领，集中力量抓好"三城一区"建设，深化科技体制机制改革，打造北京发展新高地。2017年9月，中共中央、国务院批复《北京城市总体规划（2016年—2035年）》强调，北京城市战略定位是全国政治中心、文化中心、国际交往中心、科技创新中心。

建设全国科技创新中心和具有全球影响力的科技创新中心是面向国内和放眼全球的两个维度，是辩证和谐的统一关系。北京建设什么样的科技创新中心？我们认为：首先，必须具有全球影响力，要当好建设世界科技强国的排头兵，代表国家参与全球科技经济合作与竞争，拥有具备国际话语权的科技创新实力，成为世界主要科学中心和创新高地。其次，要着眼国家发展全局，塑造更多依靠创新驱动、更多发挥先发优势的引领型发展，辐射带动区域和全国创新发展，成为创新型国家的重要基石。最后，要引领全面创新的方向，不仅在基础前沿、战略高技术、关键核心共性技术领域处于领先位置，也要成为产业变革和商业模式创新的典范，是科技、经济、文化高度融合，创新、创意、创业相互交织的综合性创新中心。

专栏1-1：《国家创新驱动发展战略纲要》的目标和总体部署[①]

《国家创新驱动发展战略纲要》（以下简称《纲要》）强调，实施创新驱动发展战略要以科技创新为核心推动全面创新，坚持把科技创新摆在国家发展全局的核心位置，以科技创新带动和促进管理创新、组织创新和商业模式创新等全面创新，打造创新驱动发展新引擎，大幅度提高科技对经济社会发展的支撑引领能力，使创新成为引领发展的第一动力。

---

① 资料来源：《国家创新驱动发展战略纲要》政策解读，http://www.scio.gov.cn/34473/Document/1478594/1478594.htm。

《纲要》提出了实施创新驱动发展战略三个阶段的目标，与我国现代化建设"三步走"战略目标相互呼应、提供支撑。第一步，到2020年进入创新型国家行列，有力支撑全面建成小康社会目标的实现；第二步，到2030年跻身创新型国家前列，为建成经济强国和共同富裕社会奠定坚实基础；第三步，到2050年建成世界科技创新强国，为我国建成富强民主文明和谐的社会主义现代化国家、实现中华民族伟大复兴的中国梦提供强大支撑。

　　《纲要》明确了实施创新驱动发展战略的总体部署，强调要坚持双轮驱动，构建一个体系，推动六大转变。

　　双轮驱动就是科技创新和体制机制创新两个轮子相互协调、持续发力。抓创新首先要抓科技创新，补短板首先要补科技创新的短板，要明确支撑发展的方向和重点，加强科学探索和技术攻关，形成持续创新的系统能力。体制机制创新要调整一切不适应创新驱动发展的生产关系，统筹推进科技、经济和政府治理等三方面体制机制改革，最大限度释放创新活力。

　　一个体系就是建设国家创新体系。要建设各类创新主体协同互动、创新要素顺畅流动高效配置的生态系统，形成创新驱动发展的实践载体、制度安排和环境保障。明确企业、院所、高校、社会组织等各类创新主体功能定位，构建开放高效的创新网络；改进创新治理，进一步明确政府和市场分工，构建统筹配置创新资源的机制；完善激励创新的政策体系，保护创新的法律制度，构建鼓励创新的社会环境，激发全社会创新活力。

　　六大转变就是发展方式从以规模扩张为主导的粗放式增长向以质量效益为主导的可持续发展转变；发展要素从传统要素主导发展向创新要素主导发展转变；产业分工从价值链中低端向价值链中高端转变；创新能力从"跟踪、并行、领跑"并存、"跟踪"为主，向"并行""领跑"为主转变；资源配置从以研发环节为主向产业链、创新链、资金链统筹配置转变；创新群体从以科技人员的"小众"为主向"小众"与大众创新创业互动转变。

第二节 科技创新中心的主要特征

从国际认可的程度上看,一般把硅谷、特拉维夫、纽约、伦敦、巴黎、东京等城市(区域)看作较为成熟的科技创新中心。通过归纳总结,可以看到大体都具备以下几个特点:

一、原创性

科技创新中心的一个重要特征是,能够持续涌现一批重大原创性科学成果和国际顶尖水平的科学大师,并成为原创性科技成果的发源地和集聚区。在基础前沿、关键共性、社会公益和战略高技术研究等领域不断取得重要突破,保证基础性、系统性、前沿性技术研究和技术研发持续推进,在自主创新成果的源头供给方面具有不可替代的特殊地位。强大的自主创新能力是科技创新中心形成的重要标志。

二、主导性

科技创新中心是创新资源高度集聚的一种发展形态,拥有一批世界一流科研机构、研究型大学、创新型企业和领军人物,形成高效率的集聚优势和创新资源体系。以创新为核心驱动力的这种发展模式,对创新资源具有较强的引导、组织和配置能力,控制全球技术、人才、信息、资金等创新要素的流动方向，主导着全球新技术和新兴产业的发展方向，支配全球创新资源的空间配置格局。

三、示范性

科技创新中心在全球分工体系中占据以高科技、高附加值、高智力密集性为特征的产业链"高端"节点，在全球科技创新版图中占有重要地位，具有示范引领和辐射带动作用。能够不断催生出新产业、新业态、新模式，引领世界产业发展方向的演进和全球产业结构的变革。例如，作为全球科技创新中心的硅谷，其产业发展一直围绕高新技术产业推进，从20世纪50年代至60年代的国防工业，60年代至70年代的集成电路IC产业，70年代至90年代的个人电脑产业，到90年代至21世纪初期的网络IT产业。

四、集成性

科技创新中心不仅仅局限在狭义的科技创新领域，而是能够积极顺应全球发展趋势，从单一科技创新向以科技创新为核心的全面创新转变。促进学科交叉融合，推动基础研究、应用研究、技术开发和产业化衔接配套，促进科技创新、产品创新、品牌创新、产业组织创新、商业模式创新和体制机制创新的协同融合，科技创新的重大突破和加快应用极有可能重塑全球经济结构。

五、世界性

科技创新中心世界性的特质表现在两个方面。一方面，科学技术是世界性、时代性的，发展科学技术必须具有全球视野、把握时代脉搏，科技创新中心能够抓住新一轮科技革命和产业变革的重大机遇，在全球科技格局的形成和演变中发挥重要作用。另一方面，科技创新中心具有多元、开放、包容的创新环境，面向全球吸引高端人才，集聚跨国公司总部、研发总部和区域性研发总部，能够积极主动整合和利用好全球创新资源。

专栏1-2：科技创新中心的类型与模式探讨[①]

科技创新中心类型因划分标准角度不同而异。根据空间特征划分，包括以硅谷和柏林为代表的区域型科技创新中心，以纽约和伦敦为代表的城市型科技创新中心。根据发展路径划分，包括以伦敦和纽约为代表的依托国际大都市的科技创新中心，以波士顿为代表的依托生物技术的科技创新中心，以班加罗尔为代表的依托信息技术的科技创新中心，以芝加哥和巴伐利亚为代表的由传统工业城市转型升级的科技创新中心。根据政府与市场作用划分，包括以伦敦和硅谷为代表的市场自发形成的科技创新中心，以日本筑波和新加坡为代表的政府主导形成的科技创新中心，以柏林和纽约为代表的政府与市场合作形成的科技创新中心。

关于科技创新中心的发展模式，国际上存在一定共识，主要分为以下5种：

硅谷模式：典型的热带雨林型创新生态系统。占据了全球领先的创新资源，构建了充满活力的创新生态环境，拥有发达的科技服务体系。

纽约模式：科技创新与国际大都市转型升级结合。拥有发达的金融业和服务业，占据一流人才和科研机构荟萃的优势，政府在推动科技创新中扮演积极角色，扩大信息技术在城市运行中的广泛应用。

伦敦模式：市场机制和优势创新企业自发集聚。市场自发形成优势科技产业集群，依托科技和人才资源推进创新，政府进行适当的规划和引导。

特拉维夫模式：本土初创企业与跨国公司共同推动。政府大力培育初创企业，重视积极吸引知名跨国企业和国外资本，致力于激发全社会创新活力。

新加坡模式：政府主导创新和离岸科技创新。政府制订专门规划，出台鼓励创新的政策措施，广泛开展离岸创新合作。

从全球范围来看，科技创新中心的形成主要有以下几种表现：一是新的科技革命和产业变革提供了重大契机；二是研究型大学、科研机构和创新型企业相对集中；三是从单一科技创新向以科技创新为核心的全面创新转变；四是在地理空间上一般表现为一个大区域、跨区域的概念；五是构建创新生态系统是基础条件。

---

① 参见首都科技发展战略研究院：《2017首都科技创新发展报告》，科学出版社2018年版。

第三节　科技创新中心的构成要素

科技创新中心本质上是多要素组成的创新系统，它是多个因子共同作用、多层面相互叠加形成的结果，具体可归纳为以下几个方面：

一、核心要素：人才

人才是创新的根基，是创新的核心要素。科学技术是人类的伟大创造性活动，一切科技创新活动都是人做出来的。作为科技创新活动的执行者，人才要素始终贯穿于创新活动的全过程，直接参与到新知识、新技术以及新产品创造过程中的每个环节[①]。人才已深深融入到各创新主体要素中，在创新系统中扮演着不同的角色、发挥着不同的功能，高素质创新创业人才是科技创新中心形成的核心与关键。

专栏1-3：人才引领创新

硅谷的成功得益于无可比拟的人才优势。据2017年9月中国全球化智库（CCG）等机构发布的国际人才竞争力报告蓝皮书显示，硅谷拥有1000多名美国科学院院士、40多名诺贝尔自然科学奖得主、20万余名科学家和工程师。在国际人才的结构方面，硅谷国际人才比例高达36.3%，其中外国族裔比例达到了70.5%。

[①] 杜德斌，何舜辉：《全球科技创新中心的内涵、功能与组织结构》，《中国科技论坛》，2016年第2期。

世界一流大学都拥有顶尖人才。通过对诺贝尔自然科学奖得主获奖时所在单位的不完全统计，截至2017年年底，获得诺贝尔自然科学奖较多的大学及研究机构有：哈佛大学27人次，加州大学（含全部分校）25人次，剑桥大学24人次（含分子生物学实验室），斯坦福大学19人次，加州理工学院16人次，麻省理工学院15人次，马普学会15人次，洛克菲勒大学12人次，哥伦比亚大学12人次，伦敦大学10人次。

二、主体要素：大学、科研机构、企业

大学集人才培养、科学研究和创新创业于一体，具有知识和技术输出、人才培养和创新实践等功能，是国家科技创新体系的重要组成部分，是推动科技进步和创新的基础和生力军。大学作为科技第一生产力和人才第一资源的重要结合点，在国家发展中具有十分重要的地位和作用。自斯坦福大学的弗雷德·特曼教授把创新引入大学以来，现代大学在技术实践和技术商业化方面发挥着重要作用，大学与产业界的联系日益紧密，创新和创业成为研究型大学的新使命[①]。

专栏1-4：硅谷大学群高度密集[②]

硅谷成功的秘诀之一就是区域内拥有多所顶尖大学。在硅谷的核心地带和周边的旧金山湾区，分布着包括斯坦福大学、加州大学伯克利分校、加州大学旧金山分校、加州大学戴维斯分校、加州大学圣克鲁兹分校、加州大学奥克兰分校、圣何塞州立大学、旧金山州立大学、加州州立大学东湾分校等在内的60多所各具特色的大学。这些大学为硅谷的创新创业源源不断地提供新思想、新创意、新技术和大量的人才，成为硅谷的成功之源。

科研机构作为人才密集、知识密集、技术密集的科研创新实体，是国

---

① 杜德斌，何舜辉：《全球科技创新中心的内涵、功能与组织结构》，《中国科技论坛》，2016年第2期。

② 杜红亮：《硅谷作为全球科技创新中心的主要特征及启示》，《全球科技经济瞭望》，2016年第3期。

家创新体系的重要组成部分，在基础研究、技术创新和科技成果转化中发挥着骨干和引领作用。同时，科研机构与大学一样，不但是科学研究、技术创新的主要机构，同时也是创新型人才的主要培养基地。

企业是科技和经济紧密结合的重要力量，是技术创新决策、研发投入、科研组织、成果转化的主体，也是国家创新体系的重要组成部分。行业骨干企业是技术创新的中坚力量，对技术、人才、资本等创新资源，具有很强的整合能力，同时还极富商业模式创新能力，也更能引领和带动中小企业发展形成创新集群。

专栏1-5：华为的创新实践①

2018年1月，科睿唯安公布的《2017年全球百强创新机构》报告显示，华为继2014年、2016年上榜后，第三次荣登全球创新百强榜，也是中国大陆本次唯一入榜的企业。华为作为中国民族产业的领军企业，是全球领先的信息与通信技术 (ICT) 解决方案供应商，约有18万名员工，业务遍及全球170多个国家和地区，服务全世界1/3以上的人口。

华为的创新实践突出体现为：一个是技术创新，包括分布式基站和SingleRAN两大颠覆性产品创新，为华为在欧洲等发达国家市场的成功立下汗马功劳；另一个则是"工者有其股"的制度创新。任正非曾总结，华为能够有今天的成就，得益于国家政治大环境和深圳经济小环境的改变；得益于华为在长达30多年的发展历程中对寂寞和孤独的忍耐，对持续创新的坚守。

坚持只做一件事。在一个方面做大，或许就是华为成功的基因和秘诀。1987年，任正非和5个同伴集资2.1万元在深圳成立华为公司开始创业，30年来华为坚定不移只对准通信领域这个"城墙口"冲锋。华为只有几十人的时候就对着这一个"城墙口"进攻，几百人、几万人的时候还是对着这个"城墙口"进攻，现在十几万人仍是对着这个"城墙口"冲锋。2017年，华为研发支出896.9亿元人民币，约占全年收入的14.9%，近10年累计投入的研发费用超过3940亿元；从事研究与开发的人员约80000名，约占公司总人数的45%。世界知识产权组织2018年发布的报告显示，华为2017年国际专利申请量为4024件，居当年度全球企业申请量排行榜首位。

坚持开放合作。华为通过14个研究院/所、36个联合创新中心，在全球范围内开展创新合作，共同推动技术进步。华为和运营商一起，在

① 参见：华为官网，http://www.huawei.com.cn。

全球建设了 1500 多张网络，帮助世界超过 1/3 的人口实现连接。华为携手合作伙伴，为政府及公共事业机构，金融、能源、交通、制造等企业客户，提供开放、灵活、安全的端—管—云协同 ICT 基础设施平台，推动行业数字化转型。华为"未来种子"项目已经覆盖 108 个国家和地区，帮助培养本地 ICT 人才，推动知识转移，提升人们对于 ICT 行业的了解和兴趣，并鼓励各国及地区参与到建设数字化社区的工作中。

图 1-1　中国信科大唐移动正在开展 5G 系统测试

专栏1-6：中企管理模式案例走进哈佛课堂[1]

　　海尔集团经营管理的案例"海尔：一家孵化创客的中国企业巨头"成为美国哈佛大学商学院教材案例。"海尔集团的'人单合一'模式是互联网与物联网时代下的成功探索，在企业管理模式上，中国企业已经从模仿者成为引领者，至少是引领探索者。"哈佛大学商学院教授罗莎贝斯·坎特认为，虽然"人单合一"模式仍然在探索当中，不过实践证明该模式是成功的，海尔的变革是没有先例的。

　　海尔"人单合一"模式中，"人"即具有"两创"（创业和创新）精神的员工，"单"即用户价值。"人单合一"就是每个员工都直接面对用户需求，为用户创造价值，从而实现自身价值、企业价值和股东价值。这顺应了互联网时代"零距离""去中心化""去中介化"的特征。在"人

① 张朋辉：《中企管理模式案例走进哈佛课堂》，人民日报，2018年3月13日第3版。

单合一"模式下，海尔实现了"企业平台化、员工创客化、用户个性化"，从而激发了员工的创造力，成为物联网时代的成功探索，并引起国际著名商学院的关注。

2005 年，海尔首次提出"人单合一"模式，经过长时间探索，形成了整套管理体系，取得很大成功。2017 年，海尔集团实现全球营业额 2419 亿元，同比增长 20%，海尔大型白色家电第九次蝉联全球第一，利税总额突破 300 亿元，经营利润同比增长 41%。

2016 年，海尔收购美国通用电气家电业务后，没有进行大规模人员调整，而是采用"人单合一"模式对其进行改造，并取得明显成效。2017 年，美国通用电气家电取得了过去 10 年来的最好业绩，全年收入增幅 6.6%，利润增幅超过 22.4%。

三、环境要素：金融资本、基础设施及科技中介组织

金融资本是经济发展的血液和重要支撑。科技和金融的融合旨在激活集聚创新要素，促进科技成果转移转化，孵化、培育科技企业，发展战略性新兴产业、现代科技服务业和先导性产业。健全的金融资本市场更是科技创新中心形成的重要标志之一。美国风险投资协会的研究数据显示，风投对美国经济贡献的投入产出比为 1∶11，其对于技术创新的贡献是常规经济政策的 3 倍。中关村地区活跃着 1 万多名投资人，有 900 多家创投机构，2017 年创投金额达到 1100 多亿元，无论是投资案例还是投资额都超过了全国的 30%。

基础设施有狭义和广义之分。前者主要指重大科技基础设施，是为探索未知世界、发现自然规律、实现技术变革提供极限研究手段的大型复杂科学研究系统，是突破科学前沿、解决经济社会发展和国家安全重大科技问题的物质技术基础。后者主要指满足生产和生活的物质工程设施。例如，城市交通系统、市政公用工程设施和公共生活服务设施等。重大科技基础设施不仅为科技创新活动提供必要的物质条件，而且还能通过人才会聚效应推动科技创新中心的形成和发展。

科技中介组织是指面向社会开展技术扩散、成果转化、科技评估、创新资源配置、创新决策和管理咨询等专业化服务的机构，发挥着服务、桥梁和纽带作用。例如，人才市场、法律及知识产权服务机构、技术转移机

构和技术市场等。

四、文化要素：创新精神、企业家精神

创新的原始动力不仅是科技，更源自于文化。创新文化是指与创新活动相关的文化形态，是社会共有的关于创新的价值观念和制度设计。它反映了社会对创新的态度，这种态度体现为一种价值取向[1]。科技创新中心的形成与发展涉及诸多方面，能否培育良好的创新文化是重要基础，真正具有创新力的城市必定根植于深厚的文化土壤，具备开放性、包容性和高度信任的文化特质。从美国的硅谷、纽约，以色列的特拉维夫等创新城市（区域）的发展经验来看，这些地方均具有宽容失败、崇尚冒险、包容异质思维、激励草根精神的创新创业文化氛围。

技术创新的主要驱动力量包括企业和企业家，技术创新呼唤企业家精神[2]。企业家精神的核心价值表现为爱国敬业、遵纪守法、艰苦奋斗、创新发展、专注品质、追求卓越、诚信守约、履行责任、勇于担当、服务社会等。建设科技创新中心需要激发企业家创新活力和创造潜能，依法保护企业家拓展创新空间，持续推进产品创新、技术创新、商业模式创新、管理创新、制度创新，将创新创业作为终生追求，增强创新自信。

专栏1-7：中关村的创新文化[3]

中关村是改革开放的代表作，是体制机制创新的试验田。1987年，国务院做出《关于进一步推进科技体制改革的若干规定》，在进一步放活科研机构、放宽放活科研人员管理政策、促进科技与经济结合方面提出了具体措施。中关村按照"四自"原则，建立了科研人员创办民营科技企业的新机制。2001年，《中关村科技园区条例》明确提出了"法无明文禁止不为过"的原则。2009年，国务院批准中关村成为我国首个国

---

① 李惠国：《创新文化是科技创新的重要元素》，人民日报，2016年9月25日第5版。

② 同上。

③ 闫傲霜：《中关村是一种文化》，科技日报，2014年8月18日第1版。

家自主创新示范区，开始实施以科技成果处置权、收益权为代表的一系列解放生产力的先行先试政策。

创新是中关村的"动力之源"。在中关村，无论是技术创新、管理创新，还是商业模式创新，甚至创意的想法和尝试都被鼓励和支持。一方面，中关村地区大学、科研机构云集，是中国乃至全球高智力知识最密集区域之一，大批原始创新成果在这里不断产出。另一方面，中关村不是行政划定的一个园区，更不是几个产业项目，而是一种环境、一种文化、一个品牌，鼓励创新和宽容失败让中关村成为创新创业者的聚集地。

中关村对创新的崇尚，不仅表现在早期创新创业者们的尝试和努力中，同时也表现在成功者对创新创业的持续热情，以及他们对后来者的支持和鼓励上。先是以"两通""两海"为代表的科技开发公司迅速增长，随后相继诞生了联想、新浪、搜狐、小米等一批科技产业领军企业，同时也孕育了柳传志、雷军、李彦宏等创业者。

除了上述要素外，政府在科技创新中心建设中发挥着引导和支撑的重要作用，主要表现为制定战略、实施规划、发布政策和提供服务等。政府不但为大学、科研机构和企业等创新主体提供研发资助和知识产权保护，还提供制度环境和空间环境的支持，同时为人才提供公共服务和良好的生活环境[1]。即使在发达国家，政府对科技创新的作用也非常重要，例如，美国作为典型的创新驱动型国家，坚持把创新战略作为美国经济发展的核心战略之一，政府始终扮演着创新发展蓝图的规划者、科技创新政策的制定者角色。在顶层设计方面，2009 年以来先后颁布了《美国复苏和再投资法案》《国家制造业创新网络》等多项旨在促进科技发展的创新政策，特别是连续发布了三版《国家创新战略》，组织实施《大脑计划》《精准医学计划》《国家纳米技术计划》《材料基因组计划》等科技计划，从加大关键领域的创新扶持力度、促进美国长期经济增长的优先领域以及引领美国第三次创新创业浪潮等方面推进以科技创新为引领的结构性改革；在强化法律保障方面，美国制定了大量与科技创新有关的法律法规，诸如《拜杜法案》《史蒂文森—威德勒技术创新法》《国家技术转移促进法》《小企

---

[1] 参见首都科技发展战略研究院：《2016首都科技创新发展报告》，科学出版社2016年版。

业创新发展法》《专利与商标修正法案》《反垄断法》等，并根据环境和形势的变化及时进行修订和完善，形成了世界上最完备的科技创新法律体系，为美国的科技事业发展营造了良好的法律环境。又如，德国政府2010年制定出台《德国2020高技术战略》，重点支持气候/能源、保健/营养、交通、安全和通信5个领域，其中最负盛名的是"工业4.0计划"，涵盖"智能工厂""智能生产""智能物流"等三大主题，旨在提高德国工业的竞争力，在新一轮工业革命中占领先机。再如，欧盟定期调整排放标准，推动汽车节能减排技术进步。芬兰、以色列利用法律、政策、资金等手段，营造支持创新创业的环境。而日本筑波科学城的形成则主要是政府主导推动作用的结果。总之，在科技创新中心建设过程中，要处理好政府和市场的关系，既要发挥市场配置创新资源的决定性作用，又要更好地发挥政府作用。

思考题

1. 谈谈你对科学和技术的认识。
2. 科技创新中心的构成要素都有哪些？

延伸阅读

1. 闫仲秋：《首都建设全国科技创新中心研究》，中国经济出版社2016年版。

2. 骆大进主编：《科技创新中心：内涵、路径与政策》，上海交通大学出版社2016年版。

3. 徐南平：《科技创新案例与研究》，经济管理出版社2017年版。

4. ［美］阿伦·拉奥，［美］皮埃罗·斯加鲁菲：《硅谷百年史》，人民邮电出版社2016年版。

第二章　为什么建设科技创新中心

纵观人类科技发展史，唯创新者进，唯创新者强，唯创新者胜 ①。世界的未来取决于科学的未来 ②，国家的经济水平取决于科技创新水平。近代以来，全球科技创新中心进行了数次大转移，先后在意大利、英国、法国、德国、美国等国家形成了全球科技创新中心，并促使科技创新中心占据了世界经济主导地位和科技创新领先地位。我国明确提出到 2020 年进入创新型国家行列，到 2035 年进入创新型国家前列，到 21 世纪中叶成为世界科技强国。从历史经验来看，要成为世界科技强国，必须要有若干具有全球影响力的科技创新中心作为支撑。目前，我国科技创新水平加速迈向国际第一方阵，已经步入由跟跑为主转向更多领域并跑、领跑的历史性新阶段，正处于从量的积累向质的飞跃、从点的突破向系统能力提升的重要时期。北京建设科技创新中心是世界科技创新发展的大势所趋、国家创新驱动发展战略所系和首都高质量发展所需。

① 参见习近平：在欧美同学会成立一百周年庆祝大会上的讲话，2013 年 10 月 21 日。
② 参见［美］雷·斯潘根贝格，［美］黛安娜·莫泽：《科学的旅程》，北京大学出版社 2014 年版。

第一节　世界大势所趋

一、科技革命对世界经济格局的影响及机遇

科技革命是科学革命和技术革命的统称，是指引发科技范式、人类的思想观念、生活方式和生产方式的革命性变化的科技变迁[①]。自古以来，科学技术就以一种不可逆转、不可抗拒的力量推动着人类社会向前发展。16世纪以来，世界上发生了多次科技革命，每一次都深刻影响了世界力量格局。从某种意义上说，科技实力决定着世界政治经济力量对比的变化，也决定着各国各民族的前途命运。18世纪的英国抓住第一次工业革命机遇，在采矿、冶炼、纺织等领域形成了伦敦、伯明翰、曼彻斯特等创新中心，成为世界霸主；其后，法国巴黎通过大力发展重工业，成为全球性创新中心。19世纪的德国抓住第二次工业革命机遇，涌现了柏林、汉堡、慕尼黑、法兰克福等创新型城市群。20世纪的美国作为信息技术引领者，打造了硅谷、纽约、波士顿等世界级科技创新中心，长期保持世界强国地位。

从世界范围看，每个科技创新中心的形成与转移都发生在历次重大科学（技术）革命出现后的历史机遇期，从而引起国际经济、政治格局的大

---

① 何传启：《第六次科技革命的三维透视》，《世界科技研究与发展》，2012年第1期。

变革。因此，积极谋划建设全球科技创新中心，有效集聚国家创新要素以提升自身实力，成为许多国家和地区应对新一轮科技革命和增强国家竞争力的重要举措。

表2-1　16世纪以来的标志性事件和科技革命[①]

时间	标志性事件（从科技与社会关系的角度）	科技革命
16世纪	哥白尼学说诞生，提出地球围绕太阳转	第一次科技革命：近代物理学诞生（科学革命）
17世纪	牛顿力学诞生，完美阐释常见物理现象	
18世纪	蒸汽机和机械的发明，带来了机械化生产	第二次科技革命：蒸汽机和机械革命（技术革命）
19世纪	发电机和电动机的发明，带来了电气化生活	第三次科技革命：电力和运输革命（技术革命）
20世纪	相对论和量子论诞生，带来了新的世界观	第四次科技革命：相对论和量子论革命（科学革命）
	计算机和互联网的发明，带来了网络空间	第五次科技革命：电子和信息革命（技术革命）

表2-2　16世纪以来的科技革命发生地及影响[②]

科技革命	主要发生地	科学影响	经济影响
近代物理学诞生	意大利、英国	意大利和英国先后成为科学中心	—
蒸汽机和机械革命	英国	英国成为科技创新中心	英国成为世界强国
电力和运输革命	德国、美国	德国成为科技创新中心	德国成为欧洲强国
相对论和量子论革命	德国	德国成为科学中心	—
电子和信息革命	美国、西欧	美国成为科技创新中心	美国成为世界强国

---

① 何传启：《第六次科技革命的三维透视》，《世界科技研究与发展》，2012年第1期。

② 同上。

科技创新同样决定着中华民族的前途命运。在5000多年的文明发展进程中，中华民族创造了辉煌的历史。过去我们的"四大发明"，天文、数学都曾享誉全球。然而近代以来，我国屡次与科技革命失之交臂。鸦片战争之后，我国更是一次次被经济总量、人口规模、领土幅员远远不如自己的国家打败，其实，不是输在经济规模上，而是输在科技落后上。新中国成立后，我们取得了"两弹一星"、载人航天、载人深潜、超级计算等一系列重大科技突破，极大振奋了民族精神，极大提升了我国国际地位。现在，我们迎来了世界新一轮科技革命和产业变革同我国转变发展方式的历史性交汇期，既面临着千载难逢的历史机遇，又面临着差距拉大的严峻挑战。我们必须清醒认识到，有的历史性交汇期可能产生同频共振，有的历史性交汇期也可能擦肩而过[①]。

放眼全球，科技与经济正在发生深刻变化，我国科技创新已站在新的历史起点上[②]：一是世界科学技术演进站在新起点。新一轮科技革命和产业变革正在兴起，一些重要科学问题和关键核心技术已呈现出革命性突破的先兆，带动关键技术交叉融合、群体跃进，变革突破的能量正在不断积累。我们必须抢抓科技革命于萌发之时，洞察创新潮流于青萍之末，推动产业变革于端倪之初，牢牢掌握未来发展主动权。二是我国经济社会发展站在新起点。我国经济发展进入新常态，创新驱动既是当前稳增长的着力点，也是长期调结构的战略路径，是经济增长最重要、最持久的动力引擎。同时，当前社会民生领域对科技创新的需求越来越大，需要促进科技创新与教育文化、卫生健康、生态文明建设结合，为"五位一体"发展提供坚实支撑。三是国际创新竞争站在新起点。国际金融危机带来全球发展大调整，打破了世界经济的平衡，各主要国家围绕科技创新都在展开新的部署，竞

---

① 参见习近平：在中国科学院第十九次院士大会、中国工程院第十四次院士大会上的讲话，2018年5月28日。

② 刘延东：《实施创新驱动发展战略，为建设世界科技强国而努力奋斗》，《求是》，2017年第2期。

争日趋白热化。我们在这场竞争中不仅不能掉队，还要争取走在前面。

二、全球科技创新呈现新的态势和特征

进入21世纪以来，全球科技创新进入空前密集活跃的时期，新一轮科技革命和产业变革正在重构全球创新版图、重塑全球经济结构。以人工智能、量子信息、移动通信、物联网、区块链为代表的新一代信息技术加速突破应用，以合成生物学、基因编辑、脑科学、再生医学等为代表的生命科学领域孕育新的变革，融合机器人、数字化、新材料的先进制造技术正在加速推进制造业向智能化、服务化、绿色化转型，以清洁高效可持续为目标的能源技术加速发展将引发全球能源变革，空间和海洋技术正在拓展人类生存发展新疆域。总之，信息、生命、制造、能源、空间、海洋等的原创突破为前沿技术、颠覆性技术提供了更多创新源泉，学科之间、科学和技术之间、技术之间、自然科学和人文社会科学之间日益呈现交叉融合趋势，科学技术从来没有像今天这样深刻影响着国家前途命运，从来没有像今天这样深刻影响着人民生活福祉[①]。

技术创新与商业模式、金融资本深度融合，持续催生新的经济增长点和就业创业空间。创业投资、贷款投资、担保投资、企业股权交易与并购、多层次资本市场等金融手段不断完善，众筹等民间金融工具层出不穷，新技术与新资本加速融合，推动新兴产业快速成长。商业模式创新改变产业组织、收入分配和需求模式，个性化、多样化、定制化的新兴消费需求成为主流，智能化、小型化、专业化的产业组织新特征日益明显，电子商务、电子金融、第三方支付平台、能源合同管理等正推动相关领域的变革，互联网开源软硬件技术平台等面向大众普及和开放，大幅降低创新创业的成本和门槛。

[①] 参见习近平：在中国科学院第十九次院士大会、中国工程院第十四次院士大会上的讲话，2018 年 5 月 28 日。

创新战略成为世界主要国家核心战略，全球创新竞争呈现新格局。为抢占未来经济科技制高点，在新一轮国际经济再平衡中赢得先发优势，世界主要国家都提前部署面向未来的科技创新战略和行动。美国从2009年以后连续3次推出国家创新战略；德国连续3次颁布高技术战略，在此基础上又制订了"工业4.0计划"；日本、韩国以及俄罗斯、巴西、印度等新兴经济体，都在积极部署出台国家创新发展战略或规划。

发达国家的创新优势依然明显，但已呈现版图东移趋势。科技顶尖人才、专利等创新资源仍以发达国家为主导，美欧占全球研发投入总量的比例由61%降至52%，亚洲经济体的比例从33%升至40%，新兴金砖国家占比显著提高。我国既面临赶超跨越的难得历史机遇，也面临差距进一步拉大的风险，必须紧紧抓住新一轮科技革命和产业变革的重大机遇，力争成为新规则的制定者和新赛场的主导者，牢牢把握发展的战略主动权。

三、我国迎来建设全球科技创新中心的"时间窗口"

（一）新中国成立以来科技事业蓬勃发展

新中国成立后，科学技术发展进入了崭新的历史阶段。1956年1月，毛泽东等党和国家领导人以及1300多名领导干部，在中南海怀仁堂听取中国科学院4位学部主任关于国内外科技发展的报告，党中央向全党全国发出了"向科学进军"的号召。制定了新中国第一个发展科学技术的长远规划，即《1956年至1967年科学技术发展远景规划》，拟定了57项重大任务，从而奠定了中国的原子能、电子学、半导体、自动化、计算技术、航空和火箭技术等新兴科学技术基础，并促进了一系列新兴工业部门的诞生和发展。其后10年，我国逐步建立了学科齐全的科学研究体系、工业技术体系、国防科技体系、地方科技体系。

1978年3月，中共中央在京隆重召开全国科学大会，邓小平同志在大会做出科学技术是生产力的重要论断。这次大会是中国科技发展史上一次具有里程碑意义的盛会。同年12月，中国共产党十一届三中全会召开，中国进入了改革开放的历史新时期，迎来了科学的春天。

1985年3月，中共中央发布《关于科学技术体制改革的决定》，我国科技体制改革进入全面实施阶段。随后，国家相继制订了"星火计划"、"863计划"（国家高技术研究发展计划）、"火炬计划"、"攀登计划"（基础性研究重大关键项目计划）、"973计划"（国家重点基础研究发展计划）、重点成果推广计划等一系列重要计划，并建立自然科学基金制，形成了新时期中国科技工作的大格局。1995年，党中央、国务院召开全国科学技术大会，大力实施科教兴国战略。

2006年2月，国务院印发《国家中长期科学和技术发展规划纲要（2006年—2020年）》，提出了"自主创新，重点跨越，支撑发展，引领未来"的科技工作指导方针。同时，明确了"到2020年，我国进入创新型国家行列"的科学技术发展的总体目标。这"十六字指导方针"是我国半个多世纪科技发展实践经验的概括总结，是面向未来、实现中华民族伟大复兴的重要抉择。

2012年11月，创新驱动发展战略首次写进党的十八大报告，强调"科技创新是提高社会生产力和综合国力的战略支撑，必须摆在国家发展全局的核心位置"。2016年5月30日，在全国科技创新大会、两院院士大会、中国科协第九次全国代表大会上，习近平总书记发出了向世界科技强国进军的号召，提出我国科技事业"三步走"的战略安排，发布了《国家创新驱动发展战略纲要》。2017年11月，党的十九大报告指出，"创新是引领发展的第一动力，是建设现代化经济体系的战略支撑"，并对建设创新型国家进行了系统部署。

新中国成立以来特别是改革开放以来，我国科技事业密集发力、加速跨越，取得举世瞩目的伟大成就。适应社会主义市场经济的新型科技体制初步形成，企业在技术创新中的主体地位逐步增强，大学、科研机构在科技创新中的骨干和引领作用进一步发挥。科技投入规模和强度持续提高，基础研究和前沿技术创新能力显著增强，产业技术创新取得多方面突破，高新技术产业规模持续高速增长。我国科技创新在一些前沿方向开始进入并行、领跑阶段，正处于从量的积累向质的飞跃、从点的突破向系统能力

图 2-1 2017 年 10 月，"砥砺奋进的五年"大型成就展展示的"北斗卫星导航全球组网星座系统模型"

提升的重要时期[1]，在国家发展全局中的核心位置更加凸显，我国在全球创新版图中的位势进一步提升，已成为具有重要影响力的科技大国。

专栏2-1: 党的十八大以来我国科技创新取得重大成就[2]

第一，科技创新水平加速迈向国际第一方阵，进入了由跟跑为主转向更多领域并跑、领跑的历史性新阶段。"蛟龙""天眼""悟空""墨子""慧眼"等为代表的重大创新成果相继问世，基础研究的国际影响力大幅度提升，在若干领域开始成为全球的创新引领者。2017 年，全社会研究与试验发展（R&D）支出达到 1.76 万亿元，比 2012 年增长 70.9%。国际论文总量和被引用量居世界第二位，发明专利申请量、授权量都居世界前列。研发人员全时当量居世界第一位，科技进步贡献率从 2012 年的 52.2% 升至 57.5%。国家创新能力排名从 2012 年的世界第 20 位升至第 17 位。

---

[1] 参见习近平：在中国科学院第十九次院士大会、中国工程院第十四次院士大会上的讲话，2018 年 5 月 28 日。

[2] 万钢：《创新型国家建设成果丰硕》，http://scitech.people.com.cn/n1/2018/0226/c1007-29835458.html。

第二，科技创新有力支撑供给侧结构性改革和民生改善，实现了全面融入、主动引领经济社会发展的历史性跨越。重大专项，如移动通信、集成电路、数控机床、大飞机、核电等重点领域率先实现跨越，"复兴号"成功商业化运行，全国高速铁路里程已经占全球总里程60%以上。可再生能源的装机量、发电量居世界第一，电动汽车、新能源汽车的产销量和保有量均占全世界50%以上。人工智能、大数据、云计算等引领数字经济、平台经济、共享经济快速发展，有力地带动了经济转型升级和新动能成长。19家国家自主创新示范区和156家国家高新区成为区域创新发展的核心载体和重要引擎。科技创新在打赢蓝天保卫战、脱贫攻坚战中发挥了重要作用，科技兴林、科技治沙成效显著，在全球率先实现"沙退人进"。130多万台创新医疗器械产品在基层医疗机构示范应用，服务人群达到4.5亿。建立了应对突发性传染病的防控技术体系，成功研制了埃博拉疫苗等，在国际传染病防控中彰显了中国力量。

　　第三，科技体制改革向系统纵深推进，科技管理格局实现了从研发管理向创新服务的历史性转变。企业创新主体地位进一步增强，全社会研发投入、研究人员、发明专利占比均超过70%。国家科技计划和资金管理改革取得历史性突破，院士制度、科技奖励、科技军民融合等改革也正在深入推进过程之中。党中央、国务院出台了以增加知识价值为导向的分配政策、研发费用加计扣除等支持创新的普惠性政策，国家重大科技决策咨询制度、科技报告制度、创新调查制度、资源开放共享等基础性制度都在加快建立，科技人员获得感大大增强。

　　第四，科技创新力量由科研人员为主向全社会拓展，开创了大众创业、万众创新的历史性新局面。通过修订国家《促进科技成果转化法》，发布《实施〈促进科技成果转化法〉若干规定》和《国家技术转移体系建设方案》，实施促进科技成果转移转化行动，形成了系统推进成果转化的"三部曲"。一些科技人员关心的问题得到了初步解决，科技成果转化量、质齐升，各类技术交易市场超过1000家，全国技术交易合同在2016年1.1万亿的基础上提升到1.3万亿。4298家众创空间、3255家科技企业孵化器和400多家企业加速器，以及19家国家自主创新示范区和156家国家高新区形成了一个日趋完善的创业孵化生态链条。科技与金融结合深入推进，国家科技成果转化引导基金引导地方政府、金融机构、民间资本投资规模大幅度增长。

　　第五，科技外交成为国家总体外交战略的重要组成，创新开放合作迈出主动布局的历史性步伐。"一带一路"国际合作高峰论坛、G20峰会、金砖国家厦门峰会都留下了鲜明的科技创新合作印记，"一带一路"科技创新行动计划正在扎实推进。中国与158个国家建立科技合作关系，参加国际组织和多边机制超过200个，包括多个国际大科学计划和大科学工程，成为全球多元化创新版图中日益重要的一极。内地和港澳科技创新合作也取得了新进展，完成首批跨境科研经费拨付试点等工作。

（二）我国正迎来建设全球科技创新中心的"时间窗口"

科技的竞争实质上是能力的竞争和体系的对抗，我国科技发展取得举世瞩目的伟大成就，科技整体能力持续提升，在一些重要领域和方向跻身世界先进行列，正在成为全球创新网络的中坚力量和引领世界创新的新引擎。2017年12月，联合国发布《2018年世界经济形势与展望》，该报告指出，全球经济增长趋强，东亚和南亚仍是世界上最具经济活力的区域，中国2017年对全球的经济贡献约占1/3。2013年以来，中国经济实力跃上新台阶，国内生产总值从54万亿元增加到82.7万亿元，年均增长7.1%，占世界经济比重从11.4%提高到15%左右。全社会研发投入年均增长11%，规模跃居世界第二位。载人航天、深海科学探测、量子通信、大飞机等重大创新成果不断涌现。高铁网络、电子商务、移动支付、共享经济等引领世界潮流。"互联网+"广泛融入各行各业。快速崛起的新动能，正在重塑经济增长格局、深刻改变生产生活方式，成为中国创新发展的新标志。

图 2-2　深海科学探测

从总体上看，我国在主要科技领域和方向上实现了邓小平同志提出的"占有一席之地"的战略目标，正处在跨越发展的关键时期[①]。根据2017年3月毕马威发布的《改变现状的颠覆性技术——2017年全球技术创新报告》显示，美国和中国最有希望实现颠覆性的技术突破，其影响可能波及全球。科技创新既是我国提高国内综合生产力的关键支撑，也是社会生产方式和生活方式变革进步的强大引领，而且世界的发展也正在得益于中国创新的力量。

习近平总书记强调，创新是引领发展的第一动力，是建设现代化经济体系的战略支撑，必须摆在国家发展全局的核心位置。从"第一生产力"到"第一动力"，标志着我们党对科技创新重要性的认识提升到了历史新高度，彰显了科技创新的突出战略地位。可以预见，具有全球影响力的科技创新中心必然产生在中国。这一判断基于中国发展的底气，中国和世界关系发生历史性变化，核心是中国以更加进取、自信、成熟的姿态走向世界舞台的中央。现在，我们比历史上任何时期都更接近实现中华民族伟大复兴的目标，比历史上任何时期都更有信心、更有能力实现这个目标。因此，可以说我国目前正迎来建设全球科技创新中心的"时间窗口"，抓住这一"时间窗口"，也就抓住了实现国家现代化、实现民族复兴的历史机遇。

专栏2-2：中国"天眼"捕捉宇宙"秋波"

中国"天眼"即500米口径球面射电望远镜（FAST），是我国具有自主知识产权，世界最大单口径、最灵敏的射电望远镜，其外形像一口巨大的锅，接收面积相当于30个标准足球场，主要用于寻找暗物质、暗能量和收集宇宙中的各种信号。

从1993年提出设想，到2016年9月建成并投入使用，中国人历经20余载铸就这一巡天重器。"FAST"与美国阿雷西博300米口径射电望远镜相比，灵敏度是其2.25倍。巧的是，作为形容词的"FAST"，

---

① 参见习近平：在全国科技创新大会、两院院士大会、中国科协第九次全国代表大会上的讲话，2016年5月30日。

表达着"快速的、迅速的"含义，正吻合了"天眼"的建设和运用，充满"快"的追求，饱含"追赶、领先、跨越"的精神内涵。2017年10月10日，国家天文台宣布，"FAST"确认了多颗新发现的脉冲星。"天眼"的调试以及逐渐产出成果，是目前国际天文学界最激动人心的事件之一。中国在天文学领域奋进的历程，也同时开启了世界科学家用中国原创的天文设备探索宇宙奥秘、推进人类认知的新时代。

图 2-3　中国"天眼"鸟瞰图

第二节　国家战略所系

在我国加快推进社会主义现代化、实现"两个一百年"奋斗目标和中华民族伟大复兴中国梦的关键阶段，北京必须当好建设世界科技强国的排头兵，代表国家参与全球科技经济合作与竞争，必须拥有具备国际话语权的科技创新实力，成为世界主要科学中心和创新高地。同时，着眼国家发展全局，更多依靠创新驱动，发挥先发优势和引领作用，辐射带动区域和全国创新发展，成为创新型国家的重要基石。

一、开启全面建设社会主义现代化国家新征程

党的十九大，开启了全面建设社会主义现代化国家新征程，并从两个阶段做出了战略安排：

第一个阶段，从2020年到2035年，在全面建成小康社会的基础上，再奋斗15年，基本实现社会主义现代化。到那时，我国经济实力、科技实力将大幅跃升，跻身创新型国家前列；人民平等参与、平等发展权利得到充分保障，法治国家、法治政府、法治社会基本建成，各方面制度更加完善，国家治理体系和治理能力现代化基本实现；社会文明程度达到新的高度，国家文化软实力显著增强，中华文化影响更加广泛深入；人民生活更为宽裕，中等收入群体比例明显提高，城乡区域发展差距和居民生活水平差距显著缩小，基本公共服务均等化基本实现，全体人民共同富裕迈出坚

实步伐；现代社会治理格局基本形成，社会充满活力又和谐有序；生态环境根本好转，美丽中国目标基本实现。

第二个阶段，从2035年到21世纪中叶，在基本实现现代化的基础上，再奋斗15年，把我国建成富强民主文明和谐美丽的社会主义现代化强国。到那时，我国物质文明、政治文明、精神文明、社会文明、生态文明将全面提升，实现国家治理体系和治理能力现代化，成为综合国力和国际影响力领先的国家，全体人民共同富裕基本实现，我国人民将享有更加幸福安康的生活，中华民族将以更加昂扬的姿态屹立于世界民族之林。

科技是国之利器，国家赖之以强，企业赖之以赢，人民生活赖之以好[①]。我们比历史上任何时期都更接近中华民族伟大复兴的目标，我们比历史上任何时期都更需要建设世界科技强国。实现党的十九大确立的战略目标，要求我们必须加快建设世界科技强国，为把我国建成富强民主文明和谐美丽的社会主义现代化强国提供强大支撑。

二、推动实现中华民族伟大复兴中国梦

党的十八大以来，以习近平同志为核心的党中央团结带领全国各族人民，紧紧围绕实现"两个一百年"奋斗目标和中华民族伟大复兴的中国梦，举旗定向、谋篇布局、攻坚克难、强基固本，开辟了治国理政的新境界。"站在新的历史起点上，实现'两个一百年'奋斗目标、实现中华民族伟大复兴的中国梦，必须适应经济全球化新趋势、准确判断国际形势新变化、深刻把握国内改革发展新要求，以更加积极有为的行动，推进更高水平的对外开放，加快实施自由贸易区战略，加快构建开放型经济新体制，以对外开放的主动赢得经济发展的主动、赢得国际竞争的主动。"[②]

---

① 参见习近平：在全国科技创新大会、两院院士大会、中国科协第九次全国代表大会上的讲话，2016年5月30日。

② 参见习近平：在十八届中共中央政治局第十九次集体学习时的讲话，2014年12月5日。

图 2-4　2018 年 5 月，北京科技周展示的核聚变装置模型

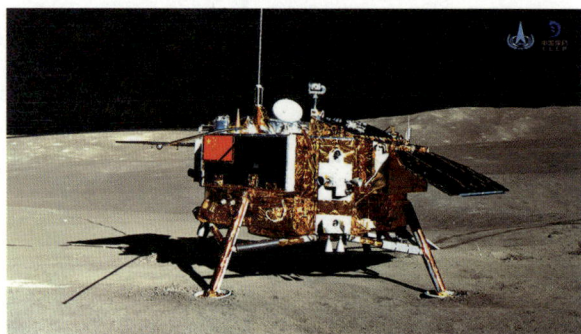

图 2-5　玉兔二号巡视器全景相机对嫦娥四号着陆器成像
图片来源：中国探月与深空探测网

实现"两个一百年"奋斗目标，实现中华民族伟大复兴的中国梦，必须坚持走中国特色自主创新道路，面向世界科技前沿、面向经济主战场、面向国家重大需求，加快各领域科技创新，掌握全球科技竞争先机。这是我们提出建设世界科技强国的出发点。"实施创新驱动发展战略决定着中华民族前途命运。没有强大的科技，'两个翻番'、'两个一百年'的奋斗目标难以顺利达成，中国梦这篇大文章难以顺利写下去，我们也难以从大国走向强国。全党全社会都要充分认识科技创新的巨大作用，把创新驱动发展作为面向未来的一项重大战略，常抓不懈"①。"必须集中力量推进科技创新，真正把创新驱动发展战略落到实处"②。

在党的十九大上，习近平总书记庄严宣告：中国特色社会主义进入了新时代。这是我国发展的历史新方位，也是中国科技创新的历史新方位。铸就新时代中国特色社会主义的灿烂辉煌，必然要求新时代中国科技人扛起应有的重大责任，奋力推进新时代下的中国科技创新事业，为实现中华民族伟大复兴中国梦提供强有力的科技支撑，推动中国科技创新迈入新境界。

专栏2-3：我国科技领域仍然存在一些亟待解决的突出问题③

我国科技在视野格局、创新能力、资源配置、体制政策等方面存在诸多不适应的地方。基础科学研究短板依然突出，企业对基础研究重视不够，重大原创性成果缺乏，底层基础技术、基础工艺能力不足，工业母机、高端芯片、基础软硬件、开发平台、基本算法、基础元器件、基础材料等瓶颈仍然突出，关键核心技术受制于人的局面没有得到根本性改变。技术研发聚焦产业发展瓶颈和需求不够，以全球视野谋划科技开放合作还不够，科技成果转化能力不强。人才发展体制机制还不完善，激发人才创新创造活力的激励机制还不健全，顶尖人才和团队比较缺乏。科技管理体制还不能完全适应建设世界科技强国的需要，科技体制改革许多重大决策落实还没有形成合力，科技创新政策与经济、产业政策的统筹衔接还不够，全社会鼓励创新、包容创新的机制和环境有待优化。

---

① 参见习近平：在十八届中共中央政治局第九次集体学习时的讲话，2013年9月30日。

② 参见习近平：在中国科学院考察工作时的讲话，2013年7月17日。

③ 参见习近平：在中国科学院第十九次院士大会、中国工程院第十四次院士大会上的讲话，2018年5月28日。

第三节 首都发展所需

2014年2月和2017年2月，习近平总书记两次视察北京，明确了北京全国政治中心、文化中心、国际交往中心、科技创新中心的城市战略定位，提出把北京建设成为国际一流和谐宜居之都的发展目标，深刻阐述了"建设一个什么样的首都，怎样建设首都"这一重大课题，为新时期首都发展指明了方向。建设具有全球影响力的科技创新中心是实现北京高质量

图 2-6　北京市科学技术奖励大会暨 2018 年全国科技创新中心建设工作会议

发展的第一动力和重要抓手，这既是北京责任所在，更是内在发展所需。

一、打造首都经济发展新高地

北京市第十二次党代会指出，以建设具有全球影响力的科技创新中心为引领，着力打造北京发展新高地。经过数年努力，北京已逐渐形成以中关村科学城、怀柔科学城、未来科学城、北京经济技术开发区为代表的"三城一区"，成为全国科技创新中心建设的主平台。下一步，北京将深入实施《北京城市总体规划（2016年—2035年）》，全力推进全国科技创新中心建设，聚焦中关村科学城，突破怀柔科学城，搞活未来科学城，以重大产业项目为牵引，对接三大科学城科技创新成果转化，打造以北京经济技术开发区为代表的创新驱动发展前沿阵地，建设创新型产业集群。同时，科技创新中心建设将始终坚持服务于党和国家发展大局，深入实施创新驱动发展战略，加强央地协同，丰富创新形式，打通创新要素，主动承担国家重大原始创新和科技创新任务。通过积极探索鼓励创新的先行先试政策，营造良好创新环境，吸引各类创新人才，推动科技成果转化落地，努力建设具有全球影响力的原始创新策源地和自主创新主阵地，为创新型国家建设发挥好前沿阵地和主平台作用。科技创新中心建设还将有力支撑北京发挥"一核"作用，助力城市副中心和雄安新区建设"两翼"齐飞，构建与首都城市战略定位相适应的现代化经济体系，支撑国际一流的和谐宜居之都的现代化经济体系和面向京津冀、辐射全国的现代化经济体系。

二、培育创新驱动发展新动能

经济发展新常态下，转型发展时不我待，唯有积极适应速度换挡、结构优化、动力转换等变化，大力培植新的经济增长点，才能有效提升经济活跃度。从疏解功能谋发展背景看，减量发展是特征，创新发展是出路，而且是唯一出路。从构建现代化经济体系、推动高质量发展看，科技创新是推动经济发展质量变革、效率变革的动力源泉。从北京自身禀赋看，丰富的科技智力资源，是首都发展优势所在、依托所在。而减量发展、绿色发展、创新发展，成为首都追求高质量发展的鲜明特征。目前，首都科技、人才、文化优势尚未充分发挥，新发展动能亟待培育壮大。下一步，北京将加快培育新一代信息技术、集成电路、人工智能、医药健康等十大"高精尖"产业；大力发展服务经济、知识经济、绿色经济，服务与首都城市战略定位相匹配的总部经济，支持在京创新型企业总部发展；加快培育金融、科技、信息、文创、商务服务等现代服务业，提升生活性服务业品质；支持传统优势企业实施绿色制造和智能制造技术改造；发展都市型现代农业，引导高效节水和生态旅游农业发展。推动供给结构和需求结构相适应、消费升级和有效投资相促进，增强服务消费对经济增长的拉动作用。推进"互联网+"行动，促进互联网与实体经济深度融合，培育新产业、新业态、新模式。加强规划引导、政策协调，促进高端产业功能区内涵发展。强化技术支撑、质量保障和环保、能耗、水耗等标准约束，坚决淘汰落后产能，推动形成绿色发展方式和生活方式。

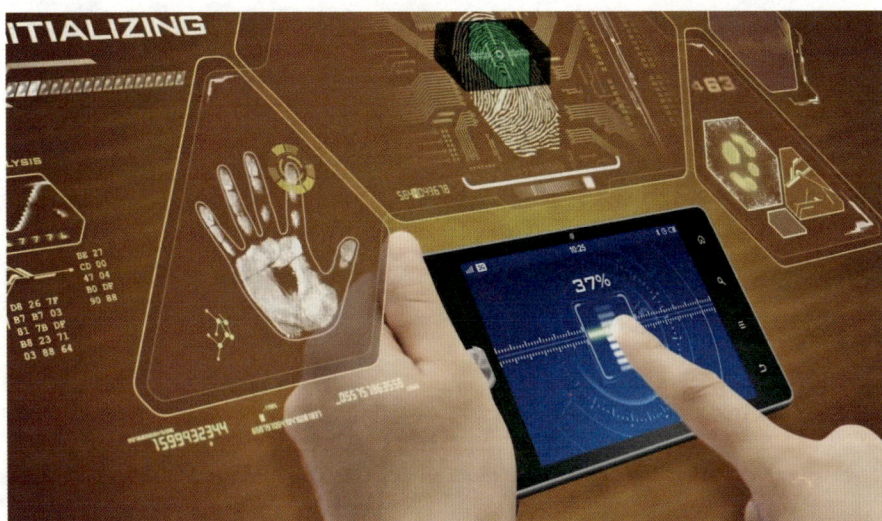

图 2-7 触控概念图 (2017 年北京市科学技术奖一等奖：高性能内嵌式触控显示一体化技术研发与产业化)

三、破解大城市发展新难题

北京地位高、体量大、实力强、变化快、素质好，这是特点和优势，同时又面临令人揪心的问题。例如，人口资源环境矛盾依然突出，"大城市病"还比较严重，影响了首都功能的发挥，影响了服务保障水平的提升。同时，城市精细化管理水平不高，治理污染、改善环境、缓解交通拥堵等还需下更大气力。2017年6月，习近平总书记在听取北京城市总体规划编制工作汇报时指出编制好北京城市总体规划对疏解非首都功能、治理"大城市病"、提高城市发展水平与民生保障服务的重要性，强调北京城市总体规划最根本的是解决好"建设一个什么样的首都，怎样建设首都"这个重大问题；把握好"舍"和"得"的辩证关系，紧紧抓住疏解北京非首都功能这个"牛鼻子"，优化城市功能和空间结构布局；加强精细化管理，

图2-8 北京建立大气三维立体监测体系

41

构建大城市有效治理体系；坚决维护规划的严肃性和权威性，以钉钉子精神抓好贯彻落实。

北京市深入贯彻习近平总书记重要讲话精神，以科技创新推动首都科学发展。一是调整疏解非首都核心功能，优化产业结构，突出高端化、服务化、集聚化、融合化、低碳化，有效控制人口规模，增强区域人口均衡分布，促进区域均衡发展。二是提升城市建设特别是基础设施建设质量，形成适度超前、相互衔接、满足未来需求的功能体系，遏制城市"摊大饼"式发展，以创造历史、追求艺术的高度负责精神，打造首都建设的精品力作。三是健全城市管理体制，提高城市管理水平，尤其要加强市政设施运行管理、交通管理、环境管理、应急管理，推进城市管理目标、方法、模式现代化。四是加大大气污染治理力度，改善空气质量。

图 2-9 自主研发的基于通信的列车控制系统

专栏2-4：CBTC——让地铁也可以串门走亲戚[①]

地铁"互联互通"CBTC系统是世界性技术难题。通俗说，就是改变专车跑专线的模式，给不同的地铁线路"搭桥"，让不同时期建设、不同厂商装备的地铁线实现"共享"。21世纪初，美国纽约、法国巴黎先后启动有关技术研发。在北京市科委、市交通委等部门的持续支持和引导下，北京交控科技有限公司成长为目前国内唯一掌握自主知识产权CBTC系统核心技术并进入工程应用的城市轨道交通信号系统厂商。

北京自主CBTC系统历经核心技术研发和原理样机研制—线路专项测试和中试—示范应用工程—产业化过程持续创新等各具特点的创新环节。

首先开创"从无到有"。2004年，北京市科委立项支持北京交通大学牵头开展"基于通信的城轨CBTC系统研究"，研制出原理样机。

其次达到"可用可靠"。2007年，市科委立项支持用户单位北京市地铁运营公司牵头实施"基于通信的城轨CBTC系统运营线的考核试验"，通过了线路中试试验，实际验证了实验室研发成果。

再次突破"工程应用"。2009年，通过国家科技支撑计划和北京"首台套"政策，支持建设单位北京轨道交通建设管理公司牵头实施"北京轨道交通信号系统核心技术研发及示范工程"，在地铁亦庄线完成了CBTC系统产品化。2010年年底，亦庄线成为国内第一条采用自主创新CBTC系统的地铁线。2011年和2012年，自主创新CBTC系统连续中标北京地铁14号线和7号线信号工程，中国成为继德国、法国、加拿大之后，第四个掌握CBTC核心技术的国家。

最终实现"产业与创新融合"。引导和支持北京交控科技有限公司加快产业化步伐，完善技术体系，成长为全系统解决方案供应商。

CBTC实现自主化，为地铁互联互通打下了基础。2018年2月，地铁互联互通技术自主化取得突破性进展。在重庆试验的4条线路上，来自4家不同供应商的设备在统一标准下，实现了真正的互联互通，不同列车可以在不同的线路上跑起来，具备了试运行条件，这在我国尚属首次，从技术上完全摆脱了国外的技术封锁，有望形成中国标准的CBTC互联互通产业链，助推中国城市轨道交通网络化运营和资源共享。

CBTC也会让百姓获益。对于乘客来说，互联互通将会使地铁出行更高效、更便捷。地铁列车有望像火车一样，根据客流需求，设置出发地和目的地，分班次行驶在不同线路上，让乘客少步行、少换乘。

---

① 资料来源：http://www.bjd.com.cn/jx/tp/201803/07/t20180307_11081655.html。

思考题

1. 科技在建设国际一流和谐宜居之都中如何发挥支撑作用?
2. 北京为什么建设科技创新中心?

延伸阅读

1. ［美］亚力克·罗斯著,浮木译社译,何玲校译:《新一轮产业革命:科技革命如何改变商业世界》,中信出版社2016年版。

2. 中国科学院:《科技革命与中国的现代化》,科学出版社2017年版。

3. ［英］怀特海:《科学与近代世界》,商务印书馆2012年版。

4. 方玉梅等:《科技创新与中国特色社会主义制度研究》,人民出版社2012年版。

第三章 建设全国科技创新中心的目标和基础条件

创新资源是一个国家或地区持续开展创新活动的重要保障。作为首都，北京在科技创新方面具有得天独厚的优势，创新人才聚集、创新资源密集、创新成果富集、创新创业活跃、创新政策完善，这些资源是北京建设全国科技创新中心、辐射服务全国发展的坚实基础和重要条件。

第一节　北京全国科技创新中心的发展目标

2016年9月，国务院发布了《北京加强全国科技创新中心建设总体方案》（国发〔2016〕52号），提出按照"三步走"方针，不断加强北京全国科技创新中心建设，使北京成为全球科技创新引领者、高端经济增长极、创新人才首选地、文化创新先行区和生态建设示范城。

第一步，到2017年，科技创新动力、活力和能力明显增强，科技创新质量实现新跨越，开放创新、创新创业生态引领全国，北京全国科技创新中心建设初具规模。

第二步，到2020年，北京全国科技创新中心的核心功能进一步强化，科技创新体系更加完善，科技创新能力引领全国，形成全国高端引领型产业研发集聚区、创新驱动发展示范区和京津冀协同创新共同体的核心支撑区，初步成为具有全球影响力的科技创新中心，支撑我国进入创新型国家行列。

第三步，到2030年，北京全国科技创新中心的核心功能更加优化，成为全球创新网络的重要力量，成为引领世界创新的新引擎，为我国跻身创新型国家前列提供有力支撑。

专栏3-1：北京市"十三五"时期全国科技创新中心建设发展目标

2016年9月，北京市人民政府发布的《北京市"十三五"时期加强全国科技创新中心建设规划》提出，到2020年，北京全国科技创新中心的核心功能进一步强化，初步成为具有全球影响力的科技创新中心，支撑我国进入创新型国家行列。积极争取国家实验室在北京建设，在基础研究和战略高技术领域抢占全球科技制高点。建成中关村科学城、怀柔科学城、未来科学城，形成国际一流的综合性大科学中心。突破一批具有全局性、前瞻性、带动性的关键、核心和产业共性技术，率先形成以创新为引领的产业体系。初步建成京津冀协同创新共同体，创新驱动发展体制机制基本完善，创新创业生态系统更加优化。

原始创新能力显著提高。基础研究经费占研究与试验发展（R&D）经费的比重达到13%。万人发明专利拥有量达到80件。高被引论文数占全国比重达到30%。通过专利合作协定（PCT）途径提交的专利申请量年均增长率保持在25%左右。

科技对经济社会发展的贡献更加突出。规模以上工业企业研发投入占企业销售收入比重超过1.3%。科技服务业收入达到1.5万亿元。技术交易增加值占地区生产总值的比重保持在9%左右。诞生一批具有全球影响力的创新型企业和品牌，培育一批技术创新、应用服务创新和商业模式创新相融合的新业态。

开放协同取得新突破。全面服务"一带一路"倡议、京津冀协同发展、长江经济带等重大国家战略。输出到京外的技术合同成交额占北京技术合同成交额的比重保持在70%左右。围绕产业链布局一批具有"产学研"协同特征的科技企业集团，推进其在京津冀地区联动发展。

创新创业生态系统进一步优化。聚集一批站在国际前沿，具有国际视野的战略科学家、科技领军人才、企业家、创新创业团队和企业研发总部。全社会R&D经费支出占地区生产总值比重保持在6.0%左右。各类孵化机构在孵企业数量超过10000家。全市公民科学素养达标率达到24%。

专栏3-2：上海建设科技创新中心

2016年4月，国务院发布了《上海系统推进全面创新改革试验加快建设具有全球影响力的科技创新中心方案》，提出上海分"两步走"加快建设具有全球影响力的科技创新中心。

第一步，2020年前，形成具有全球影响力的科技创新中心的基本框架体系；R&D经费支出占全市地区生产总值比例超过3.8%；战略性新兴产业增加值占全市地区生产总值的比重提高到20%左右；基本形成适应创新驱动发展要求的制度环境，基本形成科技创新支撑体系，基本形成大众创业、万众创新的发展格局，基本形成科技创新中心城市的经济辐射力，带动长三角区域、长江经济带创新发展，为我国进入创新型国家行列提供有力支撑。

第二步，到2030年，着力形成具有全球影响力的科技创新中心的核心功能，在服务国家参与全球经济科技合作与竞争中发挥枢纽作用，为我国经济提质增效升级做出更大贡献，创新驱动发展走在全国前头、走到世界前列。

2017年，上海研发投入强度3.78%。受理专利申请131746件，其中发明专利申请54633件。专利授权量为70464件，其中发明专利授权量为20681件。PCT国际专利受理量为2100件。有效发明专利达100433件，每万人口发明专利拥有量达41.5件。全年经认定登记的各类技术交易合同21559件，合同金额867.53亿元。国家高新技术企业总数达到7642家。实施两批共22条海外人才出入境试点政策，引进海外人才110426人。2017年新当选两院院士13人，占全国10.2%[①]。

专栏3-3：深圳建设国际科技、产业创新中心

根据2017年4月发布的《深圳市科技创新"十三五"规划》，深圳市"十三五"科技创新发展的总体目标是：科技创新质量实现新跨越，综合创新生态体系效能显著提升，形成创新能力卓越、创新经济领先、创新生态一流的国际科技、产业创新中心基本框架体系，建成更高水平的国家自主创新示范区。规划把提高科技创新竞争力和探索科技创新发展模式作为"十三五"科技创新的重要举措，聚焦"六大发展路径""八大重点技术领域"，实施"五大重点工程"。近年来，作为"创新之都"，创新已经成为深圳的城市基因和显著优势。其主要做法是：

一是加强创新驱动发展的顶层设计和组织实施，出台了国家创新型城市建设"1+4"文件，实施全国首部国家创新型城市总体规划、发布促进科技创新的地方性法规、出台加强自主创新"三十三条"、构建创新驱动发展的"1+10"政策体系、制定六大战略性新兴产业及未来产业振兴规划和政策等，从规划、法规、政策等方面着力完善科技创新的政策环境和制度环境，探索发挥高新区、自贸区、保税区等区域政策叠加优势。

二是坚持市场配置创新资源。发挥市场对资源配置的主体地位，给予企业在市场上竞争的充分自主权。企业的创新动力和活力大大增强，最主要的表现就是"六个90%"现象，即90%的创新型企业是本地企业，90%的研发人员在企业，90%的科研投入来源于企业，90%的专利产生于企业，90%的研发机构建在企业，90%以上的重大发明专利来源于龙头企业。

三是不断深化体制机制改革。改革是深圳的标签，近年来，深圳市制定了一系列改革创新政策，如《深圳市科学技术奖励办法实施细则》、《深圳市产业发展与创新人才奖实施办法》、《深圳市人民政府关于大力推进大众创业万众创新的实施意见》、《关于促进科技创新的若干措施》及营商环境改革20条、降低实体经济成本28条和加强知识产权保护36条等。

---

① 资料来源：《2017年上海市国民经济和社会发展统计公报》。

四是完善综合创新生态体系。推动"创新、创业、创投、创客"四创联动，形成更加完善的创新生态体系。加快科技金融试点城市建设，通过实施"科技金融计划"，引导和放大财政资金的杠杆作用，形成了较完善的科技金融服务体系。深入推进"深港创新圈"建设，建立了两地政府创新合作协调机制。实施引进海外高层次人才的"孔雀计划"和高层次人才培养的"金鹏计划"，支持骨干企业与高校院所共建特色学院，吸引国际一流人才。

截至2017年年底，深圳市级以上的各级创新载体有1688家；国家级高新技术企业达到11230家；新兴产业增加值占GDP的比重达40.9%。2016年，深圳国际专利申请量为19647件，占全国的46.6%。

专栏3-4：合肥建设国内领先、国际知名的创新型城市

2017年1月，国家发展改革委和科技部联合批复了《合肥综合性国家科学中心建设方案（2017—2020）》。合肥成为继上海之后，正式批准建设的第二个综合性国家科学中心。中心将建设成为国家创新体系的基础平台，聚焦信息、能源、健康、环境四大科研领域，开展多学科交叉和变革性技术研究。

建设方案提出要建设国家实验室、重大科技基础设施集群、前沿交叉研究平台、产业创新平台、"双一流"大学和学科"2+8+N+3"多类型多层次的创新体系，使之成为代表国家水平、体现国家意志、承载国家使命的国家创新平台。

"2"是指争创量子信息科学国家实验室，积极争取新能源国家实验室。

"8"是指新建聚变堆主机关键系统综合研究设施、合肥先进光源（HALS）及先进光源集群规划建设等5个大科学装置，提升拓展现有的全超导托卡马克等3个大科学装置性能。

"N"是指依托大科学装置集群，建设合肥微尺度物质科学国家科学中心、人工智能、离子医学中心等一批前沿交叉研究平台和产业创新转化平台，推动大科学装置集群和前沿研究的深度融合，提升我国在该细分领域的源头创新能力和科技综合实力。

"3"是指建设中国科学技术大学、合肥工业大学、安徽大学3个"双一流"大学和学科。例如，合肥工业大学将着眼"工程管理与智能制造"及"电气工程"等优势方向，布局建设一流学科；安徽大学将重点建设"物质科学与信息技术"学科群。

预计合肥综合性国家科学中心将于2020年基本建成，力争2030年达到国际一流水平，并面向国内外开放，为我国科技长远发展和创新型国家建设提供有力支撑。

2016年12月，合肥市人民政府发布了《合肥市科技创新发展"十三五"

规划》提出，到 2020 年，具有合肥特色的区域创新体系基本形成，激励自主创新的体制机制和政策体系进一步完善，创新能力大幅度提升，科技创新成为驱动经济发展方式转变的主导力量。实现创新水平全国一流，主要创新指标稳居全国省会城市前列，合肥综合性国家科学中心、产业创新中心和高水平人才聚集中心建设取得突破性进展，率先建成国内领先、国际知名的创新型城市。

专栏 3-5：杭州打造具有全球影响力的"互联网＋"创新创业中心

根据 2017 年 2 月发布的《杭州市科技创新"十三五"规划》，到 2020 年，杭州市在成果转化与产业化、企业创新能力提升、科技金融创新、创业人才激励、科技管理体制完善等方面取得重大突破；创新政策率先落地、科技成果转化率先示范、创新指标率先达到，形成以科技创新为核心推动全面创新的发展新格局；杭州自主创新能力、科技竞争力和科技综合实力继续处于全国主要城市的领先地位，科技进步对经济发展的贡献率持续提高，战略性新兴产业增加值占工业增加值的比重进一步提高，人才高地创新创业氛围进一步活跃；国家自主创新示范区的试点示范作用充分显现，创业创新生态系统不断完善，积累一批可复制、可推广的创新制度、创新模式；国家科技体制改革先行区、创新驱动转型升级示范区、互联网大众创业集聚区、全球电子商务引领区和信息经济国际竞争先导区建设取得重大阶段性成果，初步建成具有全球影响力的"互联网＋"创新创业中心。

过去几年，杭州市涌现出阿里巴巴、海康威视、新华三集团等一批行业领军企业，还培育了蘑菇街、阿里云、蚂蚁金服等一大批科技型独角兽企业。在 2017 年度国家科学技术奖励大会上，杭州共有 13 项科技成果获奖，其中一等奖 2 项、二等奖 11 项。杭州"全域创新"格局已初现雏形。

2017 年，杭州市 R&D 经费支出占生产总值之比为 3.2%。财政一般公共预算支出中科技支出 92.32 亿元。发明专利申请 25578 件、授权 9872 件。发明专利授权量中企业专利占比达 47.4%。新认定国家重点扶持高新技术企业 589 家，累计达 2844 家。培育认定研发中心 2189 家，其中省级研发中心 835 家。省级科技型中小企业 9238 家，省级以上企业研发机构 1203 家，新增省级企业研究院 76 家。科技企业孵化器 113 家，其中国家级 32 家，省级 60 家。拥有省级众创空间 101 家，23 家入选 2017 年省级优秀众创空间①。

---

① 资料来源：《2017 年杭州市国民经济和社会发展统计公报》。

第二节　北京全国科技创新中心的功能

　　科技创新中心建设是一项全局性的系统工程，涉及经济社会发展和科技创新的各方面、各领域、各环节。北京建设全国科技创新中心，是国家首都、科技创新和中心城市等多项功能的复合体，主要表现在以下几个方面：

　　支撑和引领功能。三个支撑功能：一是服务支撑世界科技强国建设。北京作为国家的首都，必须履行好"四个服务"的基本职责，这是首都最大的市情，是经济社会和科技发展最重要的特征。加强基础研究和原始创新，实现引领性原创成果和关键共性技术突破，提升国家科技整体实力和发展潜力；为国家重大科技决策、重大科技基础设施、重大科技研发和产业化项目提供支撑。二是为北京实现高质量发展、产业结构转型升级、城市建设和管理、城乡区域协调发展、保障改善民生等提供科技支撑。建设国际一流的和谐宜居之都，全力打造生态建设示范城。三是为周边区域和全国其他省区市的经济社会发展与技术进步提供科技支撑。四个引领功能：一是引领国家创新发展的方向和进程，引领前瞻性基础研究和原创成果；二是推动创新技术的广泛深入应用，成为我国重要的创新成果应用地和新兴产业策源地；三是营造鼓励创新、充满活力、富有效率、更加开放的创业氛围和创新文化，成为我国创新文化的重要引领者；四是代表国家积极参加国际科技竞争合作，为提高国家的科技竞争力和影响力做出贡献。

集聚和融合功能。北京拥有丰富的科技教育和专家智力资源，是技术、资本、人才、信息、知识产权、管理等创新要素的聚集地，在全国科技资源总量中占有较大的比例，拥有庞大的科技产出总量，是全国科技成果的重要供给地。持续完善人才发展机制、营造良好政策环境，努力建设创新人才首选地。大力推动科技与文化融合发展，加快构建文化创新先行区。同时，融合功能要求不断创新体制机制，促进不同所有制和隶属关系的科技资源实现融合发展，促进多元科技主体的协同，促进创新要素的流动、配置和组合，提高首都创新体系的整体效能。

辐射和带动功能。科技创新中心建设是一项国家战略，服务辐射和带动全国创新发展是应有之义，坚持面向全国协同创新，提升国家科技创新整体效能。强化京津冀区域创新协同，推动政策叠加、资源共享、市场开放，促进区域科技功能分工协同、产业与创新高效衔接、创新要素有序流动共享，形成区域发展的梯次布局，服务辐射全国创新发展。持续深化全面创新改革，充分发挥中关村国家自主创新示范区改革试验田作用，为全国改革创新发展探路。

图 3-1　紧缩场实验室通信卫星系统级测试

第三节　北京建设全国科技创新中心的基础条件

经过持续努力，北京已成为我国智力资源最丰富的城市和全国科技力量最集中的地区，科技创新环境较为完善，科技领军人才会聚，科研成果层出不穷，一大批优秀的大学、科研机构、创新型企业有力地推动了北京科技事业的蓬勃发展。

一、创新人才聚集

（一）高端化明显

北京作为全国人才高地，人才工作总体呈现出数量持续增长、质量稳步提升、效能显著提高等特点。截至2017年年底，研究与试验发展活动人员38.8万人。北京地区拥有两院院士791人，占全国的47%，其中中国科学院院士410人，中国工程院院士381人。国家最高科学技术奖自2000年正式设立以来，已有29位科学家获此殊荣，其中20位来自北京，占比达69.0%。"北京学者计划"实施5年来，共评选出3批42位"北京学者"，已有4位"北京学者"当选为两院院士，还有9位"北京学者"先后10次获得国家科学技术三大奖项。2011年至2017年，共有210人入选首都科技领军人才，其中5人成为两院院士。施一公、潘建伟和许晨阳分别获得"生命科学奖""物质科学奖""数学与计算机科学奖"3项2017年未来科学大奖。被首都青年科研人员广泛看作是事业发展"第一桶金"的"北京市科技新星计划"，自1993年7月设立以来，已累计培养"科技新星"人才2275人，其中已有7人成为两院院士。

专栏3-6：未来科学大奖

未来科学大奖成立于2016年，是中国大陆第一个由科学家、企业家群体共同发起的民间科学奖项。设置"生命科学奖""物质科学奖""数学与计算机科学奖"三大奖项，单项奖金100万美元。未来科学大奖关注原创性的基础科学研究，奖励在大中华区取得杰出成果的科学家（不限国籍）。奖项以定向邀约方式提名，并由优秀科学家组成科学家委员会进行专业评审，秉持公正、公平、公信的原则，保持评奖的独立性。首届未来科学大奖授予清华大学的薛其坤、香港中文大学的卢煜明，分别为"物质科学奖""生命科学奖"。2017年未来科学大奖授予中国科学技术大学的潘建伟、清华大学的施一公、北京大学的许晨阳，分别为"物质科学奖""生命科学奖""数学与计算机科学奖"。2018年9月，第三届未来科学大奖揭晓，李家洋、袁隆平、张启发获得"生命科学奖"；马大为、冯小明、周其林获得"物质科学奖"；林本坚获得"数学与计算机科学奖"。

专栏3-7：屠呦呦获得诺贝尔自然科学奖

屠呦呦，药学家，中国中医科学院终身研究员兼首席研究员，中药研究所青蒿素研究中心主任。她从中医古籍中得到启迪，改变青蒿传统提取工艺，创建的低温提取青蒿抗疟有效部位的方法，成为青蒿素发现的关键性突破。1978年，她领导的卫生部中医药研究院中药研究所"523"研究组受到全国科学大会表彰；1979年，"抗疟新药青蒿素"获得国家发明奖二等奖；2011年，屠呦呦以"发现了青蒿素，一种治疗疟疾的药物，在全球特别是发展中国家挽救了数百万人的生命"，获得美国拉斯克临床医学奖；2015年10月，屠呦呦又以"从中医药古典文献中获取灵感，先驱性地发现青蒿素，开创疟疾治疗新方法"，获得诺贝尔生理学或医学奖，成为在中国大陆开展科学研究并获得诺贝尔自然科学奖的首位中国科学家，这也是中国医学界、中医药成果迄今为止获得的最高奖项。2017年1月，屠呦呦获得2016年度国家最高科学技术奖。

（二）国际化明显

随着"千人计划""海聚工程"等人才计划深入实施，北京已经成为海内外高层次人才的"强磁场"。截至2017年年底，累计吸引和培养获得诺贝尔奖、图灵奖科学家8人；累计吸引"千人计划"专家1658人，占全国的1/4；入选"海外人才聚集工程"人才916名，涌现出了一批由"海聚"人才创办的领军企业。2017年通过出入境便利化改革试点为662位外籍人才办理"绿卡"。聘请哈佛大学的谢晓亮、斯坦福大学的张首晟等16位科学家为"中关村海外战略科学家"。

二、创新资源密集

（一）研发经费投入强度居全国之首

R&D经费投入保持高强度。2017年，北京全社会R&D经费支出1579.7亿元，研发投入强度为5.64%，位居全国首位。2017年全国和部分省（区、市）全社会R&D经费投入情况如表3-1所示[1]。

表3-1　2017年全国和部分省（区、市）全社会R&D经费投入情况

地区	R&D经费（亿元）	R&D经费投入强度（%）
全国	17606.1	2.13
北京	1579.7	5.64
上海	1205.2	3.93
江苏	2260.1	2.63
广东	2343.6	2.61
天津	458.7	2.47
浙江	1266.3	2.45
山东	1753.0	2.41
陕西	460.9	2.10
安徽	564.9	2.09

---

[1]　资料来源：《2017年全国科技经费投入统计公报》。

专栏 3-8：研发投入强度

从国家或地区看，研发投入强度是指国家或地区研发投入总量与国内或地区生产总值之比，是国际上通用的反映一个国家或地区科技投入水平的核心指标，高水平的研发投入强度被认为是提高国家或地区自主创新能力的重要保障。从企业层次看，研发投入强度是指企业研发投入总量与产品销售收入之比。企业的研发投入强度可以反映企业在提高自主创新能力方面所做的努力。例如，2016 年以色列、韩国、日本、美国的研发投入强度分别为 4.3%、4.2%、3.1%、2.7%，华为、百度、清华同方的研发投入强度依次为 14.6%、14.4%、6.3%，高通、英特尔、微软的研发投入强度依次为 33.1%、22.4%、14.1%。

（二）大学、科研机构数量居全国之首

北京科教资源在全国最为密集。截至 2017 年年底，在京高校 76 所（不含民办高校），其中综合大学 4 所；理工类院校共 26 所，占在京高校总数的 34.2%；语文院校、财经院校、政法院校、艺术院校各 8 所；在京高校中，市属高校 38 所，占比 50%，教育部直属高校 25 所，占比 32.9%。具体领域分布如图 3-2 所示。

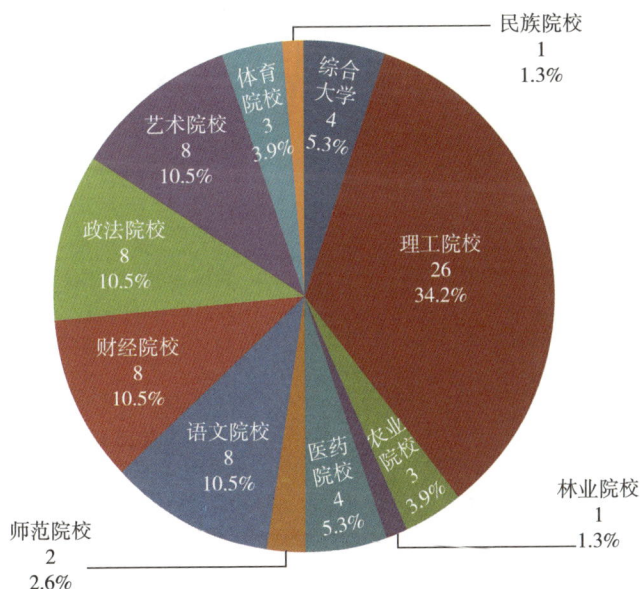

图 3-2　在京 76 所高等学校（不含民办高校）的领域分布情况

2017年9月，教育部公布了世界一流大学和一流学科（以下简称"双一流"）建设高校及建设学科名单，其中一流大学建设高校42所，一流学科建设高校95所。一流大学建设高校分A、B两类，A类有36所，B类有6所。北京共有8所高校入选，分别是北京大学、中国人民大学、清华大学、北京航空航天大学、北京理工大学、中国农业大学、北京师范大学、中央民族大学，均在A类名单。一流学科建设高校共有95所，在京高校包括北京交通大学、北京科技大学、对外经济贸易大学等均入选。市属高校中，北京工业大学、首都师范大学、中国音乐学院入选一流学科建设高校名单。

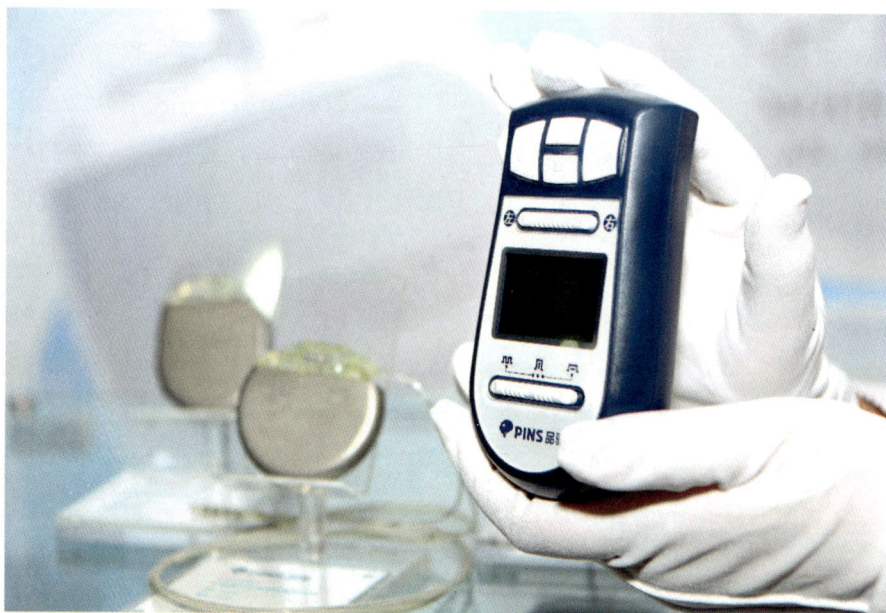

图 3-3　清华大学开发的脑起搏器使我国成为全球第二个系统掌握脑起搏器技术、产品进入临床应用的国家（2015 年北京市科学技术奖一等奖：脑起搏器关键技术、系统与临床应用）

专栏3-9：北京高等学校建设"高精尖"创新中心

2015 年 3 月，北京市教育委员会印发《北京高等学校"高精尖"创新中心建设计划》（京教研〔2015〕1 号），集中在京中央高校、市属高校和国际创新资源等多方力量，打造"高精尖"创新中心，力争在重点领域的关键核心技术上取得大的突破，产出一批有影响力的成果，切实解决重大问题，造就一批杰出人才，成为在国内外具有重大影响的科技创新和人才培养基地。市财政持续稳定地对"高精尖"创新中心进行滚动支持，5年为一周期，每年给予每个中心5000万元～1亿元的经费投入，根据创新中心建设的实际需求安排预算，原则上不低于70%的经费用于聘任国内外高端人才（其中，不低于50%的经费要用于引进国际顶尖创新人才，不低于20%的经费要用于引进京外人才）。截至2017年年底，已先后组建了未来基因诊断、生物医学工程等22个"高精尖"创新中心。

截至2017年，据不完全统计，在京科研机构总量已达1000多家，既包括国家级、市级科研机构，市属相关单位下设的科研机构，还包括民营科研机构、企业自建的科研机构和研究中心等。科研机构涉及领域众多，如图3-4所示。从各区分布来看，海淀区的科研机构最为集中，占在京科研机构总数的40%以上，其次为朝阳区，占比为21%。

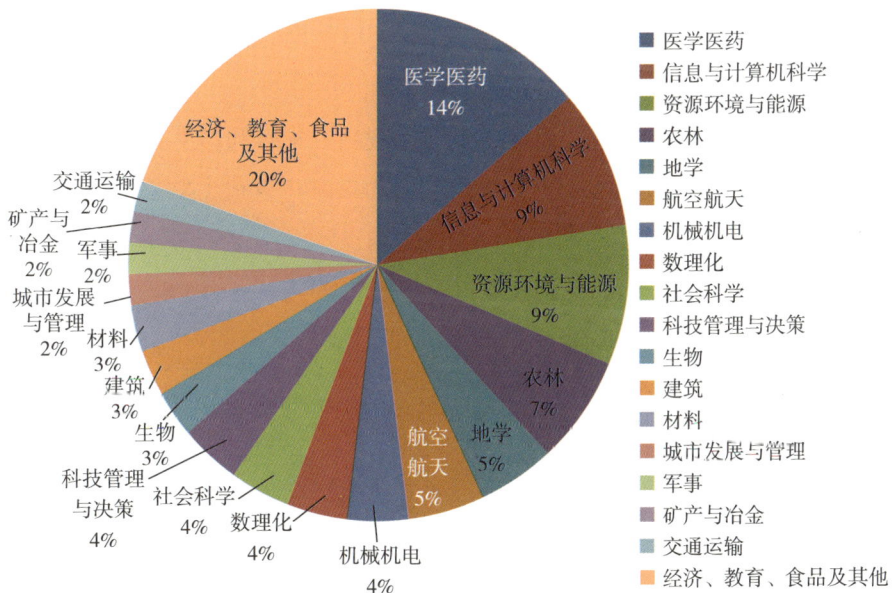

图 3-4　在京主要科研机构的领域分布（数据来源：首都科技大数据平台）

（三）科技企业数量位居全国前列

1.科技型企业

截至2017年年底，北京地区科技型企业共有502950家，占北京地区企业总数的28.9%。其中，服务型科技企业492037家，占全部科技型企业的97.8%；制造型科技企业10913家，占比2.2%。

2.高新技术企业

截至2016年年底，全国高新技术企业总数达到104000家，北京地区高新技术企业总量达到15975家，占全国的15.4%，与江苏、广东（含深圳）位于全国第一梯队，三地高新技术企业总量占全国的近五成（47.1%）。如图3-5、图3-6所示。

从领域分布看，北京高新技术企业主要集中在电子信息领域，占到总数的六成，其次为先进制造与自动化、高技术服务、生物与新医药领域企业，如图3-7所示。

从企业规模上来看，高新技术企业中大型企业不足一成，中型企业占两成，小型企业占比达69.3%。

从企业区域分布来看，海淀、朝阳、大兴、丰台和昌平等5区优势明显，企业总量占全市近八成，其中海淀区占全市近五成。"三城一区"高新技术企业占全市63.6%。如图3-8所示。

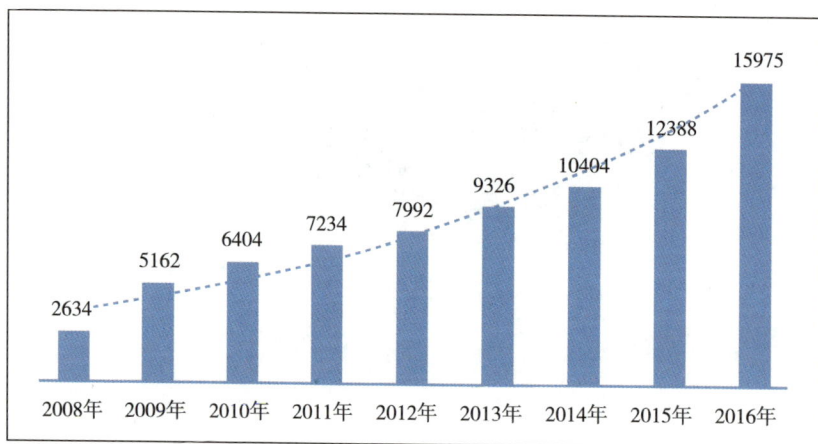

图3-5　2008年至2016年北京市高新技术企业数量情况（家）

图 3-6　2016年部分省市高新技术企业数量情况（家）

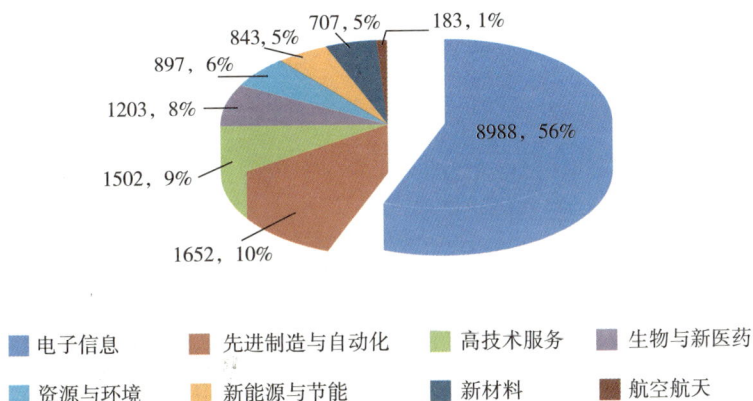

图 3-7　北京市主要技术领域企业数量（家）及占比（%）

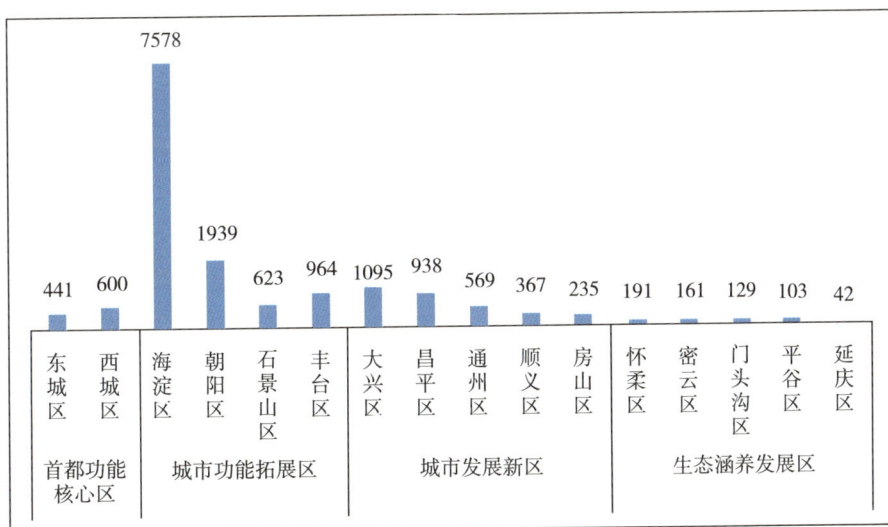

图 3-8　北京市高新技术企业在各区的分布情况（家）

61

2016年，高新技术企业实现总收入25066.9亿元、利润2969.1亿元。其中，规模以上高新技术企业实现总收入20333.9亿元、利润1967亿元，分别占全市规模以上工业企业的42.0%和22.4%。以高新技术企业为主体的新经济实现增加值8132.4亿元，占全市地区生产总值的比重为32.7%。

3.独角兽企业

"独角兽"为神话传说中的一种稀有且高贵的生物。独角兽企业的概念，最初由种子轮基金Cowboy Ventures的创始人Aileen Lee于2013年提出，指那些具有发展速度快、稀少、是投资者追求的目标等属性的创业企业。一般成立时间较短，企业估值超过10亿美元，其中估值超过100亿美元的企业被称为超级独角兽。值得一提的是，根据2017年9月全球知名风投调研机构CB Insights公布的全球独角兽企业榜单，中国共有55家企业上榜。来自中关村的滴滴出行、小米分别以500亿美元、460亿美元估值位列榜单第二、三位。美国的Uber（优步）以680亿美元估值成为全球最具价值的科技创业公司。

图 3-9　寒武纪公司研制的芯片

（四）科技创新平台数量居全国之首

科技创新平台是创新的基础，北京拥有全国最多的国家级创新平台。截至2017年年底，北京拥有国家重点实验室120家，国家工程研究中心41家，国家工程技术研究中心68家。国家科技创新平台分类如表3-2所示。

图 3-10　车路协同保障出行安全——车路协同与安全控制北京市重点实验室

表3-2 国家科技创新平台

类别	科技创新平台名称	主要内容
科学与工程研究类	国家实验室	体现国家意志、实现国家使命、代表国家水平的战略科技力量，是面向国际科技竞争的创新基础平台，是保障国家安全的核心支撑，是突破型、引领型、平台型一体化的大型综合性研究基地
	国家重点实验室	面向前沿科学、基础科学、工程科学等，开展基础研究、应用基础研究等，推动学科发展，促进技术进步，发挥原始创新能力的引领带动作用
技术创新与成果转化类	国家工程研究中心	面向国家重大战略任务和重点工程建设需求，开展关键技术攻关和实验研究、重大装备研制、重大科技成果的工程化实验验证，突破关键技术和核心装备制约
	国家技术创新中心	面向影响国家长远发展稳定的行业和产业需求，开展重大共性关键技术和产品研发、成果转化及应用示范
	国家临床医学研究中心	面向重大临床需求和产业化需要，开展大样本临床循证、转化医学和战略防控策略研究，推动医学科技成果转化推广和普及普惠，为提高我国整体医疗水平提供科技支撑
基础支撑与条件保障类	国家科技资源共享服务平台	面向科技创新、经济社会发展和创新社会治理、建设平安中国等需求，加强优质科技资源有机集成，提升科技资源使用效率，为科学研究、技术进步和社会发展提供网络化、社会化的科技资源共享服务
	国家野外科学观测研究站	服务于生态学、地学、农学、环境科学、材料科学等领域，获取长期野外定位观测数据并开展研究工作

　　截至2017年年底，北京市重点实验室458个，分布在14个领域；北京市工程技术研究中心316个，分布在13个领域。具体分布如图3-11、图3-12所示。

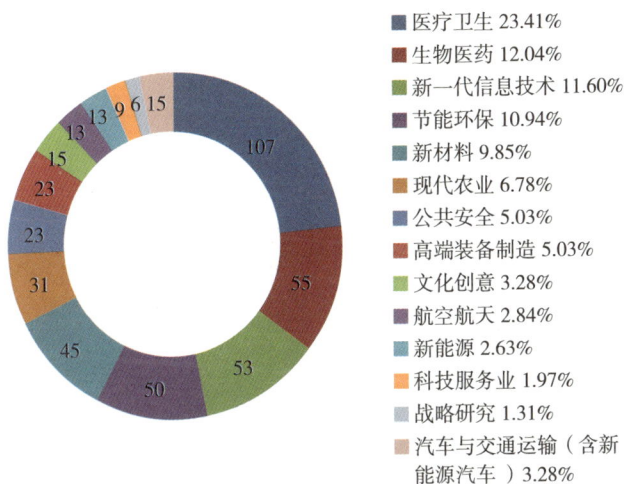

医疗卫生 23.41%

生物医药 12.04%

新一代信息技术 11.60%

节能环保 10.94%

新材料 9.85%

现代农业 6.78%

公共安全 5.03%

高端装备制造 5.03%

文化创意 3.28%

航空航天 2.84%

新能源 2.63%

科技服务业 1.97%

战略研究 1.31%

汽车与交通运输（含新能源汽车）3.28%

图 3-11　北京市重点实验室领域分布（个）

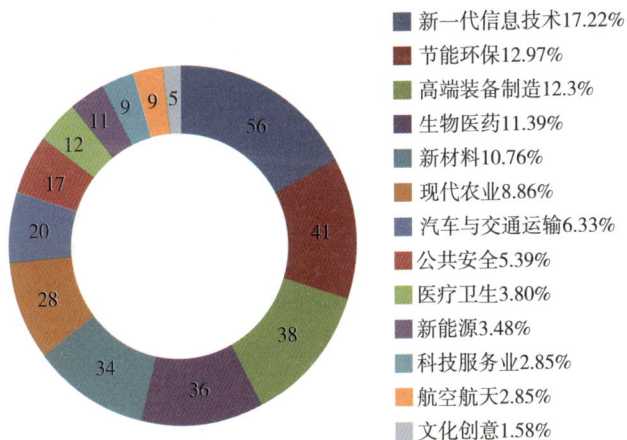

新一代信息技术17.22%

节能环保12.97%

高端装备制造12.3%

生物医药11.39%

新材料10.76%

现代农业8.86%

汽车与交通运输6.33%

公共安全5.39%

医疗卫生3.80%

新能源3.48%

科技服务业2.85%

航空航天2.85%

文化创意1.58%

图 3-12　北京市工程技术研究中心技术领域分布（个）

（五）大众创业、万众创新蓬勃发展

北京"双创"活力领先，跻身创新创业最活跃的城市。截至2017年年底，在京国家"双创"示范基地达20家，占全国总量的1/6。北京地区"双创"服务机构超过400家，包括科技企业孵化器150余家、大学科技园30家、众创空间近300家。其中，经科技部认定的国家级科技企业孵化器55家、国家备案的众创空间167家、国家专业化众创空间5家。

图3-13　2018年5月20日，参赛选手在首届全国创客教师创意设计大赛决赛上进行赛前准备

据2017年9月国家信息中心国信优易数据有限公司和《每日经济新闻》联合发布的有关数据显示，北京"双创"指数综合排名全国第一。腾讯众创空间、乐邦乐成、优客工场、极创实验室、亮中国等一批标志性众创空间和创新型孵化器项目在社区落地，开启创业与生活相融合的新模式。2017年北京地区天使投资、创业投资案例和金额占全国的1/3，以政策与制度为先导的创新创业生态已成为全国典范。

专栏3-10：中关村生命科学园

中关村生命科学园位于中关村科学城，成立于2000年，是北京市精心打造的以生命科学研究、生物技术和生物医药相关领域研发创新为主的高科技专业园区，是国家级生物技术和新医药高科技产业的创新基地。

园区顶尖人才会聚。截至2017年年底，园区内拥有两院院士15人、"长江学者"3人、享受"国务院政府特殊津贴"专家31人、入选"千人计划"37人、入选"高聚工程"14人、"科技北京"领军人才6人，会聚了王晓东、贺福初、施一公、程京、邓兴旺、邵峰等一批生命科学领域顶尖人才。

园区高科技企业集聚。截至2017年7月，入园单位和企业363家，其中高新技术企业118家、上市企业15家、G20企业14家、瞪羚企业21家、"十百千工程"企业7家、独角兽企业1家，聚集了百济神州、博奥生物、先正达、万泰生物、诺和诺德、贝瑞和康等一批行业领军企业。

园区科研成果突出。2016年，园区企业及科研机构共投入研发经费15.92亿元，研发投入强度达6.87%，远高于国内平均水平。累计申请知识产权专利4751项，在国内外重要期刊发表文章241篇，参与制定国际标准3项、国家标准49项、行业标准11项，产生了耳聋芯片、戊肝疫苗等一批具有国际影响的突破性重大技术成果。

从2000年至今，生命科学园已经建成2.49平方千米，近150万平方米。根据已获得批复的中关村生命科学园三期规划方案，作为生命科学园的延展区和升级版，三期定位为"生命科学前沿技术策源地、全球健康产业创新枢纽、产城融合发展典范"，致力于建成集完整的大健康产业链条与完善的城市服务功能于一体，业城融合、职住平衡的生命科学新城。

图3-14　中关村生命科学园

专栏3-11：中关村软件园

中关村软件园位于海淀区大上地地区，定位于新一代信息技术产业高端专业化园区，是北京建设世界级软件名城的核心区。园区始终站在行业创新发展的最前沿，在云计算、移动互联、大数据、互联网金融、人工智能、新型IT服务产业等方面率先形成全国领先的特色产业集群，拥有高度的产业话语权和技术主导权，呈现出典型的现代服务业高端形态。截至2017年年底，园区集聚了联想、百度、腾讯、新浪、滴滴、IBM、甲骨文等600多家国内外知名IT企业总部和全球研发中心。2017年，中关村软件园的产业指标再创历史新高，其中，企业总产值达到2094.4亿元，总利润194.3亿元。

高端人才会集园区。共有25人入选中组部"千人计划"，共计95人（118人次）获得"国务院政府特殊津贴""青年千人""长江学者""海聚工程""高聚工程""科技北京"，拥有两院院士5人。

自主创新是园区不变的发展灵魂。2017年，园区研发经费共投入241亿元，研发投入占比达11.5%，知识产权共计36971项。企业共获国家级科技进步奖40项，其中国家科技进步奖特等奖1项、国家科技进步奖一等奖6项。科技成果转化416项。9家企业登陆纳斯达克、纽交所、港交所等国际资本市场成功融资，联想、百度、广联达、华胜天成、启明星辰、博彦科技、文思海辉等入园企业开展多起国际并购，以全球视野整合创新要素资源，园区已成为我国高科技产业发展国际合作与融合创新的重要基地。

园区一直坚持专业化、低碳化运营。入园企业均具有高端、高效、高辐射、微能耗、零污染的绿色低碳化特征，每万元GDP消耗0.0087吨标准煤，仅为北京平均值的1.5%。

在创新创业方面，园区针对企业从成立、孵化、加速到成熟的不同阶段，构建了包括政策引导、产业集群、创新平台、科技金融、国际合作和产业服务等六大生态要素，营造了适宜企业创新创业的生态体系，拥有中关村软件园孵化器、中以创新合作中心、腾讯众创空间等十大"双创"孵化空间，吸引了不计其数的创业者。

图3-15　中关村软件园

中关村创业大街作为首家北京市众创空间集聚区，成为青年创业者的新摇篮，吸引了全国80%的天使投资人，创业投资和私募股权投资管理机构近千家。截至2017年年底，中关村示范区上市公司总数达到318家，已公开发行的公司首发募集资金合计约2960亿元人民币，其中创业板企业首发募集资金合计约540亿元。中关村示范区"新三板"挂牌企业总数达1700家，占全国的1/7。北京初步形成了创业、创新与创富并进的创业文化，形成了市场化、社会化的科技金融创新环境，催生了小米、京东等一批快速成长的科技型领军企业。

图 3-16　中关村创业大街

专栏3-12：小米利用科技创造"风口"奇迹

2010年4月的一天，北京中关村保福寺桥银谷大厦807室，14个人，一起喝了碗小米粥，一家小公司就开张了，"为发烧而生"，这家公司就是小米科技公司。2011年，小米推出第一款手机产品，并通过组建网络社区、粉丝营销等方式，打破了传统手机行业零售模式，手机在电商平台开始"读秒"销售。如今，小米科技公司已发展成为一家专注于高端智能手机、互联网电视自主研发的创新型科技企业，公司产品如小米手机、米聊、小米盒子和小米电视等产品已经为消费者所熟知。2017年小米营业收入突破1000亿元，成立仅7年便取得这一惊人业绩。效率革命成为小米发展的引擎，借助互联网提升各个环节的运作效率，让物美价廉成为可能，这就是小米最大的创新。

2017年2月，小米公司自主研发的手机芯片"澎湃S1"正式发布，成为全球第四家同时拥有终端与芯片自主研发能力的企业；也成为继华为之后，第二家将自主研发的系统级芯片用在商用智能机的国产手机厂商。小米自研芯片的成功，使中国企业在国际竞争中形成了合力，助力中国手机芯片抢占全球市场制高点，成为"中国创造"和"中国智造"的生动体现。

专栏3-13：科技创新引领共享经济发展

科技创新驱动经济和社会发展，改变着人们的生产和生活方式。近几年，从共享单车到共享汽车，从共享充电宝到共享知识等，一系列共享经济新形态不断涌现，带动了共享经济的快速发展，为人们的生活带来了便利，也让创造财富的活力竞相迸发，让市场力量充分释放。什么是共享经济？共享经济是指在所有权不变的前提下，对使用权进行临时性转移，提高资源利用率，同时使供需双方从中受益[1]。共享经济一般包含需求方、产品或服务供给方以及第三方平台这三大主体。共享经济的本质，是借助互联网手段，满足迥异的个性化需求，最终实现资源优化配置。

共享经济的迅猛发展离不开科技创新。例如，共享单车集成了智能芯片、射频识别、电子围栏、位置服务、移动支付等多个领域的先进技术。这些都得益于我国在卫星导航、超级计算、移动通信、智能终端和互联网等领域部署的一系列重大科技项目。信息技术和网络社会的普及，为人们生活带来了极大的便利，同时推动生活方式的创新。网络支付方式和基于云端的网络搜索、识别核实、移动定位等网络技术的流行，也大大降低了人们进行共享的交易成本。物联网的分布式、协同式特点和横向规模结构，与3D打印技术的结合，使得数以百万的人们聚集在巨大的协同共享体系中共同生产并分享其成果。

共享平台的兴起创造了对新技术的巨大需求，而这些技术又在实践中不断发展成熟，并反过来更好地支撑共享经济的发展。当前，在市场的驱动下，包括人工智能在内的一系列面向未来的技术正在共享经济中被广泛地应用，共享经济将立足于技术进步，并在此基础上实现商业模式的不断升级。共享经济蓬勃发展，催生了经济活动的新业态新模式，也带动了大量就业，满足了人们日益增长的美好生活需要。共享经济作为一种商业模式，在现有技术条件下已经得到充分应用，未来与大数据、人工智能等前沿技术更加紧密结合起来，其发展前景将值得期待。据统计，2017年我国共享经济市场交易额约为49205亿元，比2016年增长47.2%[2]。随着信息技术创新应用不断加速以及政策法规的日趋完善，我国共享经济有望保持年均30%以上的高速增长，将加速从起步期向成长期转型。

---

① 来源：http://finance.people.com.cn/n1/2017/1027/c1004-29612281.html。

② 来源：http://www.xinhuanet.com/money/2018-02/28/c_1122464006.htm。

三、创新成果富集

（一）知识创新成果"领跑"全国

北京不断深化前沿技术研究，在信息技术、生物医药等领域突破一批原创技术，产生了量子通信和量子反常霍尔效应、化学诱导的多潜能干细胞（CiPS细胞）、高温铁基超导等一批重大基础研究成果，大幅提升了北京科技创新的国际影响力。

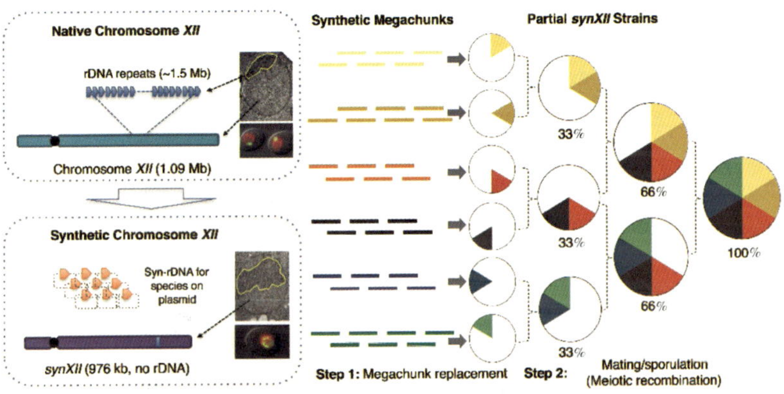

图3-17　分级组装和后续改造十二号染色体的原理图（戴俊彪团队）

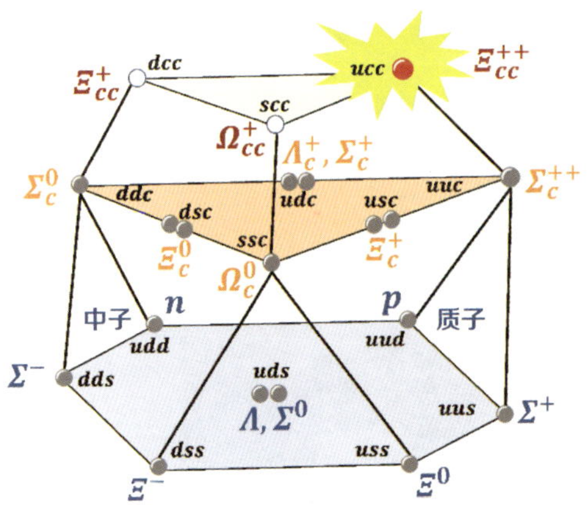

图3-18　两个粲夸克和一个上夸克组成的双粲重子示意图（高原宁团队）

2017年年底，《科技导报》评选出中国重大科学、技术和工程进展奖项，其中"科学篇"10项成果中产生于北京的占了8项，分别是清华大学尤力团队的"利用量子相变确定性制备多粒子纠缠态"成果；中国科学院古脊椎动物所吴秀杰团队的"新型古人类化石——许昌人"成果；清华大学戴俊彪团队的"真核生物酿酒酵母长染色体精准定制合成"成果；清华大学张强、贺克斌团队的"揭示国际贸易导致的PM2.5跨界污染及其健康影响"成果；清华大学程功团队和中科院遗传所许执恒团队的"表明2个突变促进了寨卡病毒暴发流行及毒力增强"成果；清华大学高原宁牵头的"LHCb实验首次发现带双电荷的双粲重子"成果；中国科学院物理所丁洪团队的"实验发现三重简并费米子"成果；北京生命科学研究所邵峰团队的"发现化疗药物通过caspase-3诱导细胞焦亡而产生毒副作用"成果。整体而言，"十二五"以来，北京越来越多的创新成果正在从"跟跑"转向"领跑"。

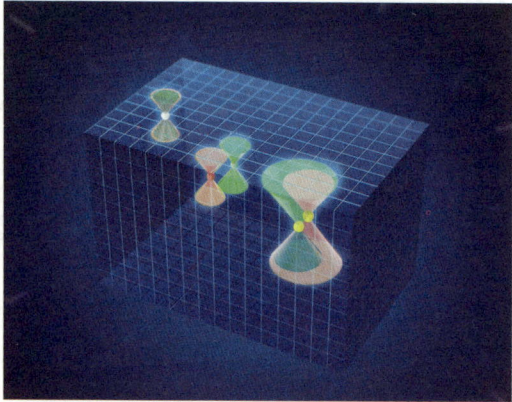

图3-19　丁洪团队首次观测到固体材料中实验发现的三种费米子：四重简并的狄拉克费米子（左）、两重简并的外尔费米子（中）、三重简并的新型费米子（右）

图3-20　清华大学研制的生命科学成像仪器

1.专利

2017年，北京地区专利申请量与授权量分别为18.6万件和10.7万件，分别比2012年增长101.5%和111.8%。其中，发明专利申请量与授权量分别为9.9万件和4.6万件，分别比2012年增长87.7%和128.4%；万人发明专利拥有量94.5件，是全国平均水平的9.6倍。2016年全国及部分重点省（市）专利申请量、授权量情况如表3-3所示[①]。

表3-3　2016年全国及部分重点省（市）专利申请量、授权量情况

地区	专利申请量（万件）	专利授权量（万件）
全国	330.5	162.8
广东	50.5	25.9
北京	18.9	10.1
上海	11.9	6.4
天津	10.6	3.9

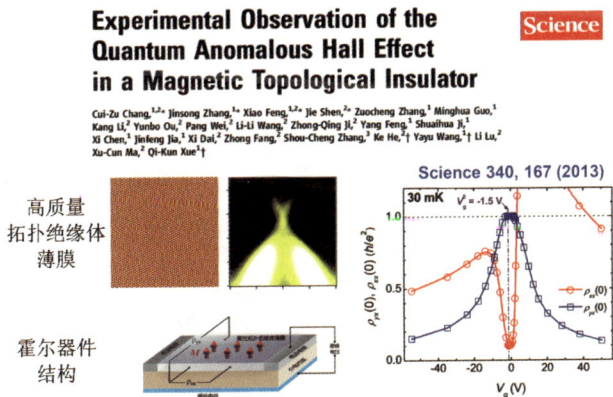

图3-21　量子反常霍尔效应的发现

---

① 资料来源：《2017年中国科技统计年鉴》。

专栏 3-14：量子反常霍尔效应

　　2013 年，由清华大学薛其坤院士领衔，清华大学物理系和中科院物理研究所组成的实验团队从实验上首次观测到量子反常霍尔效应。美国《科学》杂志于 2013 年 3 月 14 日在线发表这一研究成果。诺贝尔物理学奖得主、清华大学高等研究院名誉院长杨振宁教授评价其为"诺贝尔奖级的发现"。

　　什么是量子反常霍尔效应呢？我们使用计算机的时候，会遇到计算机发热、能量损耗、速度变慢等问题，这是因为常态下芯片中的电子运动没有特定的轨道，相互碰撞从而发生能量损耗。而量子霍尔效应则可以对电子的运动制定一个规则，让它们在各自的跑道上"一往无前"地前进，"这就好比一辆高级跑车，常态下是在拥挤的农贸市场上前进，而在量子霍尔效应下，则可以在'各行其道、互不干扰'的高速路上前进"。量子反常霍尔效应使得在零磁场的条件下应用量子霍尔效应成为可能，这些效应可能在未来电子器件中发挥特殊的作用，可用于制备低能耗的高速电子器件。

专栏 3-15："墨子号"量子科学实验卫星

　　量子通信是指利用量子纠缠效应进行信息传递的一种新型的通讯方式，是近 20 年发展起来的新型交叉学科，是量子论和信息论相结合的新的研究领域。"墨子号"是中国研发的世界首颗量子科学实验卫星。因墨子最早提出光沿直线传播，并设计了小孔成像实验，故该卫星以其名字命名。2016 年 8 月 16 日 1 时 40 分，中国在酒泉卫星发射中心用"长征二号"丁运载火箭成功将世界首颗量子科学实验卫星"墨子号"发射升空。2017 年 1 月 18 日，"墨子号"圆满完成了 4 个月的在轨测试任务，正式交付用户单位使用。量子卫星的第一个实验任务就是量子密钥分发，通俗地说就是量子保密通信；第二个实验任务就是量子纠缠分发，形象地说就好像是双胞胎的心灵感应；第三个实验任务是量子隐形传态，顾名思义，就是用隐形的方式传输量子的状态。2017 年 8 月，中国科学院宣布"墨子号"量子卫星预先设定的三大科学目标全部提前圆满实现，这一系列成果赢得了巨大的国际声誉，标志着我国对量子通信领域的研究在国际上达到全面领先的优势地位。

图 3-22　量子科学实验卫星——"墨子号"

2.国家科学技术奖

2017年北京共有78个项目获国家科学技术奖，占全国通用项目获奖总数的36.1%，创历史新高，展现了北京建设具有全球影响力的科技创新中心的强劲势头。2011年至2017年北京获国家奖（通用项目）情况如表3-4所示。

表3-4　2011年至2017年北京获国家奖（通用项目）情况统计表

年份	2011	2012	2013	2014	2015	2016	2017
自然奖	17	15	18	18	12	13	15
发明奖	5	22	19	15	17	10	23
进步奖	58	53	38	49	42	47	40
获奖总数	80	90	75	82	71	70	78
国家奖总数（通用）	295	266	246	254	233	221	216
占国家奖总数的比重（%）	27.1	33.8	30.5	32.3	30.5	31.7	36.1

（二）产业技术创新能力引领全国

2017年，北京实现新经济增加值9085.6亿元，占全市地区生产总值的比重为32.4%；高技术产业实现增加值6387.3亿元，占全市地区生产总值的比重为22.8%；信息产业实现增加值4186.9亿元，占全市地区生产总值的比重为15.0%；科技服务业实现增加值达2859.2亿元，占全市地区生产总值的比重为10.2%，在第三产业中排名第三，仅次于金融业（20.5%）和信息服务业（14.0%）。2011年至2017年科技服务业增加值情况如图3-23所示。

亿元

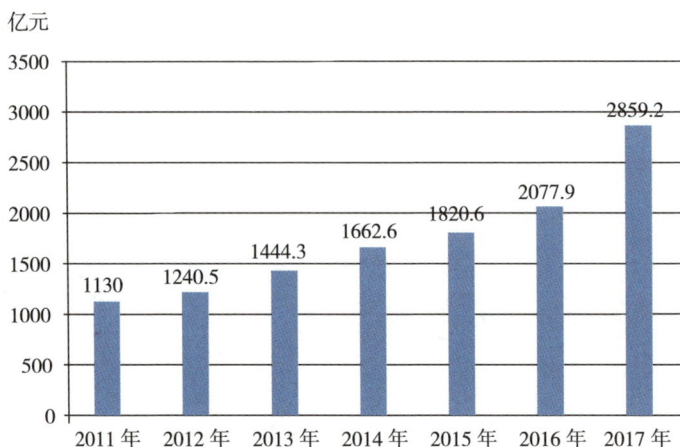

图 3-23　2011 年至 2017 年科技服务业增加值

（三）科技成果转移转化服务全国

2017 年，北京地区共签订各类技术合同 81266 项，比 2012 年增长 35.5%；技术合同成交额 4485 亿元，比 2012 年增长 82.4%①。2007 年至 2017 年北京技术合同成交额及占全国比重如图 3-24 所示。

图 3-24　2007 年至 2017 年北京技术合同成交额及占全国比重

---

① 数据来源：《北京市 2017 年国民经济和社会发展统计公报》。

2017年北京技术合同成交额七成辐射京外。流向本市、外省市和出口技术合同项数呈"44：54：2"结构，分别为35709项、44287项和1270项；成交额呈"27：52：21"结构，分别为1193.9亿元、2327.3亿元和964.1亿元。

2017年技术交易质量进一步提升。技术开发、转让成交额增长明显，成交合同28349项，成交额966.8亿元，占全市技术合同成交额的21.6%。输出涉及知识产权技术合同38882项，成交额1871.2亿元，占全市技术合同成交额的41.7%；专利、技术秘密和计算机软件著作权是知识产权交易的主要形式，成交合同36202项，成交额1774.4亿元，占全市技术合同成交额的39.6%。

专栏3-16：北京技术市场辐射全国

> 2017年，北京技术市场加速京津冀扩散发展。输出津冀技术合同4646项，同比增长20.7%；成交额203.5亿元，同比增长31.5%。主要集中在现代交通、城市建设与社会发展和电子信息领域，成交额达121.0亿元，占59.4%，为区域基础设施建设与交通一体化提供创新动力。环境保护与资源综合利用领域技术合同222项，成交额22.4亿元，同比增长73.1%，为推进区域大气污染联防联控、生态协同发展提供技术支撑。
>
> 2017年，北京技术市场为长江经济带产业创新发展注入新动能。北京流向长江经济带各省（市）技术合同18221项，成交额1011.6亿元，占北京流向外省市的43.5%，主要集中于城市建设与社会发展、现代交通和电子信息领域，成交额791.4亿元，占流向长江经济带的78.2%。

四、创新政策环境优良

近年来，北京市深入贯彻落实国家法律法规及相关文件精神，完善科技创新政策法规体系，构建了包括9部地方性法规、5部政府规章、200余项规范性文件在内的，具有首都特色的"广覆盖、全主体、多层次、分阶段"科技创新政策法规体系，形成了全社会关注创新、支持创新、参与创新的良好氛围，为全国科技创新中心建设提供了法治保障。

一是全国科技创新中心建设完成顶层设计。国家和北京市发布实施了《北京加强全国科技创新中心建设总体方案》《北京市"十三五"时期加强全国科技创新中心建设规划》《北京系统推进全面创新改革试验加快建设全国科技创新中心方案》《北京加强全国科技创新中心建设重点任务实施方案（2017—2020年）》，勾画了建设全国科技创新中心的"四梁八柱"，描绘了远、中、近期的时间表和路线图，明确了全国科技创新中心建设的设计图和施工图。

二是中关村先行先试持续深化。在"1+6""新四条"等系列先行先试政策基础上，围绕商事制度、药品审评审批、人才管理、金融创新等重点改革领域，与中央单位共同推动开展70余项改革举措，10余项政策已向全国推广。2016年6月，国务院批复同意《京津冀系统推进全面创新改革试验方案》，京津冀成为我国第一个跨省级行政区的全面创新改革试验区，北京市的辐射带动效应向津冀及全国扩散。

三是科技体制改革向纵深推进。以科技体制改革为核心，促进其他领域全面创新改革。在高校、科研机构、企业创新、教育改革、人才发展、知识产权等领域，先后出台了"京科九条"、"京校十条"、技术创新行动计划、"高精尖"产业指导意见、科研项目和经费管理改革"28条"、优化营商环境等系列政策。出台《北京市促进中小企业发展条例》《北京市专利保护和促进条例》等地方性法规。改革的系统性、整体性、协同性进一步增强。

专栏3-17：北京技术创新行动计划

2014年4月，北京市发布了《北京技术创新行动计划2014—2017年》。行动计划实施两类重大专项，第一类专项包括首都蓝天行动、首都生态环境建设与环保产业发展、城市精细化管理与应急保障、首都食品质量安全保障、重大疾病科技攻关与管理等，着力以技术创新支撑解决首都可持续发展的重大问题和人民群众关心的热点难点问题，同时培育和带动相关产业发展。第二类专项包括新一代移动通信技术突破及产业发展、数字化制造技术创新及产业培育、生物医药产业跨越发展、轨道交通产业发展、面向未来的能源结构技术创新与辐射带动、先导与优势材料创新发展、现代服务业创新发展等，紧密围绕产业发展的高端化、服务化、集聚化、融合化、低碳化，着力以技术创新引领产业转型升级、高端发展，构建"高精尖"的产业格局。

行动计划积极探索项目分类管理。将重大专项项目分为政府组织开展、政府支持开展和政府鼓励开展三类，重点支持市场不能有效配置资源的公共科技活动，并以普惠性政策和引导性为主的方式支持企业技术创新活动和成果转化。

通过组织实施重大专项，改革政府科技创新组织方式，促进各类科技资源、重大项目和政府资金、政策资源实现整合，激发全社会促进技术创新的内生动力，形成政府服务引导、市场配置资源、突出企业主体、全社会共同参与的协同创新格局。一系列重大专项的实施，产生了一批重大科技成果，有力支撑了首都经济发展方式转变，显著提升了城市可持续发展和服务民生重大需求的能力，首都科技创新的辐射带动和示范引领作用进一步增强。

专栏3-18：中关村"1+6"和"新四条""新新四条"等系列创新政策

2010年年底，国务院批复同意支持中关村发展"1+6"先行先试政策："1"即搭建首都创新资源服务平台（中关村创新平台）；"6"即支持在中关村深化实施先行先试改革的6项政策，包括：中央级事业单位科技成果处置和收益权改革试点政策、税收优惠试点政策、股权激励试点政策、科研经费分配管理改革试点政策、高新技术企业认定试点政策、建设全国场外交易市场试点政策。

2013年9月，国家有关部委发布了支持中关村国家自主创新示范区创新发展的4项政策，包括：开展高新技术企业认定中文化产业支撑技术等领域范围试点、有限合伙制创业投资企业法人合伙人企业所得税试点、技术转让企业所得税试点、企业转增股本个人所得税试点。

2014年12月，国务院总理李克强主持召开国务院常务会议，同意在中关村试点实施开展放宽人才中介机构外资出资比例、外籍高端人才永久居留资格程序便利化、设立民营银行服务科技企业、支持设立适应科技企业特点和需求的保税仓库等4项政策（即"新新四条"）。会议指出，从2010年起，国家在北京中关村自主创新示范区先行先试了金融、财税、人才激励、科研经费等促进科技创新的一系列政策，取得积极成效。会议决定将多项中关村先行先试政策向全国推广。

专栏3-19：中关村银行

中关村银行，全称北京中关村银行股份有限公司，于2017年7月正式开业，是中国银监会批复筹建的北京首家民营银行，由用友网络、碧水源、光线传媒、东华软件等11家中关村地区知名上市公司共同发起设立，注册资本人民币40亿元。中关村银行定位为"创业者的银行"，以服务创客、创投、创新型企业为根本宗旨，以金融作为服务创新创业的切入点，着力构建科技金融生态和创新创业生态，搭建完善的互联网金融基础设施，并将大数据、云计算、人工智能、区块链等前沿技术与银行业务深度结合，努力建设引领未来发展趋势的平台型、生态型、数据驱动型科技金融综合服务平台。中关村银行采用平台＋用户的模式，

> 连接优秀的天使投资和创业投资机构、优秀的孵化器和加速器、大企业的"双创"平台，实现投贷联动、资源配置和精准服务，支持创新创业，推动转型升级，助力北京全国科技创新中心建设。

五、国际竞争优势增强

经过多年发展，北京科技实力逐步提高，国际竞争优势不断增强。2016年，北京PCT专利申请量达6651件，实现了连续5年两位数增长率。从2012年至2016年，北京累计申请PCT专利21495件[①]。

专栏3-20：什么是PCT

> PCT 是 Patent Cooperation Treaty（专利合作条约）的英文缩写，是有关专利的国际条约。根据 PCT 的规定，专利申请人可以通过 PCT 途径递交国际专利申请，向多个国家申请专利。PCT 申请的好处是只需提交一份国际专利申请，就可以向多个国家申请专利，而不必向每一个国家分别提交专利申请，为专利申请人向外国申请专利提供了方便。中国于 1994 年 1 月 1 日正式成为 PCT 的成员国，国家知识产权局专利局是中国国民或居民的主管受理局，同时也是国际检索单位和初步审查单位。

基于科睿唯安2017年发布的高被引科学家统计，2017年北京地区高被引科学家数量居全国首位，入围72位79人次，占国内总人次的近1/3。

2017 年，北京地区发表在《自然》(Nature) 的文章数量为36 篇，占全国24.7%；发表在《科学》(Science) 的文章数为25 篇，占全国19.7%；发表在《细胞》(Cell) 的文章数为15 篇，占全国38.5%。截至2017年年底，2010 年至 2017 年中国高被引论文总量近两万篇，其中北京6089篇，占全国高被引论文总量的31%。

在2017年世界500强排行榜中，北京入围企业56家，占世界500强比重的11.2%，占中国入围企业比重近五成，达到48.7%。截至2017年年底，北京地区拥有科技部认定的国际科技合作基地120个，居全国首位。

---

① 资料来源：《2017 国际大都市科技创新能力评价》，上海市科学技术情报研究所。

2017年10月，英国《自然》杂志刊登了"2017自然指数——科研城市"，北京在全球城市中夺得科研产出冠军，随后是巴黎、纽约、剑桥（美国马萨诸塞州）、上海、东京、伦敦、波士顿、圣迭戈、剑桥（英国）。这十大城市贡献了全球科研产出的17%[1]。

凭借密集的创新资源、优越的创新环境、涌流的创新成果，北京无疑已成为我国的科技创新高地。但放眼全球，北京科技创新中心建设仍存在短板，科技创新领域存在发展不平衡、不充分的问题，主要表现在以下几个方面：

一是基础研究存在短板。原始创新能力不强，学科发展不均衡，具有国际影响力的重大科学发现和引领性原创成果较少，关键核心技术突破不够。同以硅谷为代表的全球科技创新中心相比，北京对全球高端优质创新要素的集聚力不够、黏性不强。

二是塑造更多依靠创新驱动、更多发挥先发优势的引领型发展不够。科技政策与经济、产业政策的统筹衔接不够，全要素生产率不高，产业聚集度不够，构建"高精尖"经济结构存在不足，具有国际影响力和技术话语权的创新成果、创新产品、品牌标准屈指可数，对构建具有国际竞争力的现代经济体系、加速引领产业变革的引领能力不强。

三是企业研发投入总体偏低，企业技术创新主体地位亟待强化。科技型企业特别是规模以上工业企业的研发投入不高；重点产业投入产出效率不高；技术创新仍然是科技创新中心建设中的薄弱环节和突出问题；具有国际竞争力的创新型领军企业不多，具有"专、精、特、新"特质的中小微企业不足。

四是科技资源分布不均衡。科研机构60%以上分布在海淀区、朝阳区；高新技术企业近八成集中在海淀、朝阳、大兴、丰台和昌平等5区，海淀区占到近五成；科技成果分布不均衡，技术合同成交额90%以上来源于海淀、丰台、朝阳、东城和大兴；产业结构分布不均衡。

五是人才发展体制机制还不完善，全球人才竞争力亟待提升。激发人

---

① 资料来源：《北京获"自然指数"全球城市科研产出冠军》，http://www.xinhuanet.com/2017-10/19/c_1121827470.htm。

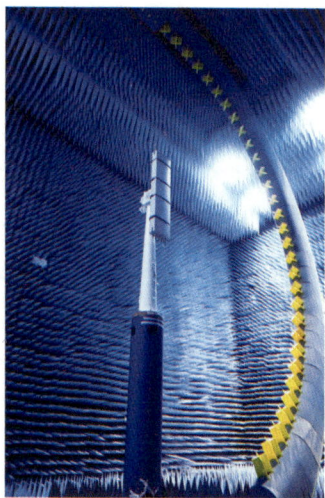

图 3-25　球面近场实验室
中国移动基站天线测试

才创新创造活力的激励机制还不健全，对标国际一流的服务保障措施亟待加强；引领当代科学技术潮流的世界顶级科学家不多，卓越创新团队和青年拔尖人才相对较少，特别是在人工智能、脑科学、量子、大数据、生命科学等关键领域；人才国际化不足；具有法律基础、专利管理、企业创办、风险投资及国际商务方面丰富经验的复合型人才不足。

思考题

1.如何有效发挥科技资源优势，服务北京全国科技创新中心建设？

2.北京科技创新存在哪些优势和不足？

延伸阅读

1.首都科技发展战略研究院：《2016首都科技创新发展报告》，科学出版社2016年版。

2.张孝荣，孙怡，陈晔等：《探寻独角兽——解读分享经济创新创业密码》，清华大学出版社2017年版。

3.吴敬琏，陈志武，周其仁等：《双创驱动》，中信出版社2016年版。

4.尹卫东，董小英，胡燕妮等：《中关村模式：科技+资本双引擎驱动》，北京大学出版社2017年版。

第四章　怎样建设全国科技创新中心

推进建设具有全球影响力的科技创新中心，是党中央、国务院赋予北京的重大历史使命。自2014年中央明确北京全国科技创新中心的核心功能定位以来，北京市深入贯彻党中央、国务院决策部署，在中央各有关部门和单位的指导支持下，积极构建科技创新中心建设的战略体系，统筹谋划科技创新中心建设的总体布局，推动科技创新中心建设取得了阶段性进展。但是达到这个目标、完成这个使命，还需要继续做好以下几个方面的工作：

一是紧紧抓住具有全球影响力这个目标和定位。坚持用更宽的全球视野、更高的战略眼光去谋划和审视各项工作，在基础研究上要瞄准世界科技前沿，在科技成果上要对标世界先进水平，在国际创新中要搞"大循环"。要善于引进和用好全球创新资源，积极融入全球创新网络，占据更高的创新位势，聚焦实现到2020年进入创新型国家行列、到2035年跻身创新型国家前列、到2050年建成世界科技强国的目标，进而成为新的具有全球影响力的科技创新中心。

二是优化顶层设计机制。一方面，要加强统筹协调，在国家科技创新中心建设领导小组领导下，持续优化北京办公室①工作机制，做好与中央单位的沟通汇报，加强与国家相关政策资源的对接联动，凝聚形成科技创

---

① 2016年11月，国务院成立科技创新中心建设领导小组，下设北京推进科技创新中心建设办公室(简称"北京办公室")。北京办公室建立"一处七办"组织架构："一处"是指北京办公室秘书处，设在北京市科学技术委员会。"七办"是指7个专项工作部门，包括重大科技计划专项办、全面创新改革与中关村先行先试专项办、科技人才专项办、中关村科学城专项办、怀柔科学城专项办、未来科学城专项办、创新型产业集群示范区专项办。

新中心建设强大合力。另一方面，要以规划为统领，落实新版城市总体规划，坚持高点站位，编制实施"三城一区"和中关村"一区多园"规划。"三城一区"和中关村"一区多园"规划是一个体系，既包括科学规划、产业规划、空间规划，还涉及人口、交通、生态、投融资与开发模式、运行机制等方面，紧紧围绕"科学+城"，实现"多规合一"。创新规划实施体制机制，规划是纲，既要纲举目张，又要不断优化完善，形成长短结合、久久为功的行动依循。

三是牵住人才这个"牛鼻子"。创新驱动实质是人才驱动，人才是创新的第一资源。建设全国科技创新中心，必须要有一流的创新人才、一流的科学家，特别是在人工智能、集成电路、脑科学等前沿领域。要牢固确立人才引领发展的战略地位，加快形成有利于人才成长的培养机制、有利于人尽其才的使用机制、有利于竞相成长各展其能的激励机制、有利于各类人才脱颖而出的竞争机制。

四是营造科学研究和技术创新的良好生态。科技创新不仅需要科技基础条件设施等"硬环境"，还需要政府政策、学术氛围等"软环境"。自由畅想的学术环境是培养优秀科技人才、激发创新活力的重要基础。要坚持创新导向，弘扬科学精神，着力构建符合创新规律的宏观政策、科研管理、学术民主、学术诚信和人才环境，营造充满活力与创造力和敢为人先、宽容失败的创新氛围。

五是加快培育和聚集优质创新要素。要与具有全球影响力的科技创新中心对标对表，补足在多样性优质创新要素方面的"短板"。北京市各区在资源禀赋、发展质量等方面不平衡，除了技术、人才、资本、服务机构和各种科技服务要素外，优秀的知识产权、法律等中介服务以及投资家、产品经理、企业家等更加匮乏，必须加大培育力度。

六是加大政策落地力度。围绕国家和北京市出台的科技创新政策，抓好解析、宣贯工作，完善地方配套政策，抓好政策落地的"最后一公里"。要用好中关村"敢为天下先"的金字招牌，打造中关村制度创新升级版。

七是打造创新型、服务型政府。政府要做创新的第一推动力，持续深化"放管服"改革，"搭平台、建机制、造环境、做池子"，加快推进政府职能从"管理"向"服务"转变；要尊重创新主体、市场主体地位，营造国际一流的营商环境；要适应科技创新中心建设的发展要求，加强自身建设，打造一支专业化的为创新服务的组织型人才队伍，成为领导科技工作的行家里手和科研人员的知心人；要提高和增强适应新时代科技创新要求的素质和能力，善于运用大数据、物联网等新技术推动政府管理方式的创新，用科学化、市场化的手段、方法和服务机构更好地服务科技创新。

专栏4-1：《北京加强全国科技创新中心建设重点任务实施方案（2017—2020年）》任务及分工

2017年3月，《北京加强全国科技创新中心建设重点任务实施方案（2017—2020年）》发布，主要包括以下6个方面的任务：

第一，对接重大科技计划，打造世界知名科学中心。由重大科技计划专项办负责，包括重点推进、重点服务保障国家实验室在京布局；积极承接国家科技重大专项、重大科技基础设施及重大项目和工程；推动军民深度融合创新发展；深入实施北京技术创新行动计划等任务。

第二，深化全面创新改革，打造中关村制度创新升级版。由全面创新改革与中关村先行先试专项办负责，包括大力推进全面创新改革试验、持续深化中关村先行先试改革等任务。

第三，集聚培养顶尖人才，打造创新人才首选地。由科技人才专项办负责，包括依托创新平台集聚全球顶尖人才、以重大任务为抓手引进和培养创新人才、完善人才激励和服务保障机制等任务。

第四，建设三大科学城，优化创新发展布局。由中关村科学城、怀柔科学城、未来科学城各专项办分别负责，包括推进中关村科学城建设具有全球影响力的科技创新策源地、推进怀柔科学城建设世界级原始创新承载区、推进未来科学城打造全球领先的技术创新高地等任务。

第五，推进创新型产业集群示范区建设，打造"高精尖"产业主阵地。由创新型产业集群示范区专项办负责，包括培育具有国际竞争力的产业创新体系；打造具有全球影响力的创新型产业集群；建设北京经济技术开发区、顺义区等创新型产业集群发展示范区等任务。

第六，建设京津冀协同创新共同体，打造区域发展新格局。由重大科技计划专项办负责，包括加快推进京津冀协同创新、促进京津冀产业转型升级、加快构建跨区域科技创新园区链等任务。

第一节　打造世界知名科学中心

创新是引领发展的第一动力，是国家兴衰的决定性因素之一。纵观世界历史，美、英、德、法等西方发达国家，无一不是抓住了历次科技革命的机遇，依靠原始创新引领技术变革和产业发展，步入了世界强国之列。英国依靠牛顿发现力学定律、法拉第发现电磁学定律、瓦特发明蒸汽机等重大理论和技术创新，最早实现了工业化，进而确立了当时的世界经济中心和科技创新中心地位。美国借助爱因斯坦发现相对论、莱特兄弟发明飞机、贝尔发明商用电话、肖克莱发明半导体等一系列重大原始创新，迅速发展成为世界第一强国。习近平总书记指出，我国科技界要坚定敢为天下先的志向，在独创独有上下功夫，勇于挑战最前沿的科学问题，提出更多原创理论，做出更多原创发现，力争在重要科技领域实现跨越式发展，跟上甚至引领世界科技发展新方向，掌握新一轮全球科技竞争的战略主动权。

当前，我国经济发展进入新常态，经济下行压力增大，诸多矛盾叠加，风险隐患增多，经济发展、新旧动力转换青黄不接的现象凸显，多数产业大而不强，仍然处于全球价值链中低端，关键核心技术受制于人。其中一个重要原因，就是基础研究短板依然突出、重大原创性成果缺乏，底层基础技术、基础工艺能力不足。要实现经济中高速增长、迈向中高端水平，推动大众创业、万众创新，关键是要巩固基础、增强底气，不断取得重大原始创新突破。只有这样，才能抢占未来发展的制高点，打造发展新优势，促进经济行稳致远。

《北京加强全国科技创新中心建设总体方案》提出："加大科研基础设施建设力度，超前部署应用基础及国际前沿技术研究，加强基础研究人才队伍培养，建设一批国际一流研究型大学和科研机构，形成领跑世界的原始创新策源地，将北京打造为世界知名科学中心。"

一、部署基础前沿研究

强大的基础科学研究是建设世界科技强国的基石。在当前新一轮科技革命和产业变革蓬勃兴起的过程中，科学探索加速演进，学科交叉融合更加紧密，一些基本的科学问题孕育着重大的突破。世界主要发达国家普遍强化基础研究战略部署，全球科技竞争不断向基础研究前移。

基础研究是提升原始创新能力的根本途径，是培育高新技术的重要源头，是可持续发展的重要保障，是培养创新人才的重要摇篮，是构建创新文化的重要基石。"十二五"期间，38%的"973计划"、超过50%的国家基础研究专项落地北京，北京地区高校A类以上重点学科达320个，占比34%，居全国首位。

北京市积极对接国家重点研发计划项目和国家自然科学基金项目，部署北京市自然科学基金项目，推动本地区基础科学研究发展。"十二五"以来，国家自然科学基金共资助158个重大项目、4108个重点项目，其中北京地区重点项目共计1293项，占比达到31%；共资助杰出青年科学基金1390项，其中北京地区共有484项，占比约为1/3，居全国首位；重大科学仪器研制专项在全国范围内共计资助421项，其中北京地区共计150项，占比达36%。

北京市自然科学基金作为地区性基金，紧紧围绕着首都经济社会发展需求，聚焦科学问题，强化前瞻部署。"十二五"期间，北京市自然科学基金资助了2985项研究项目，累计资助2万余人次开展基础研究工作，支持了一批领军人物。谭天伟、韩德民、彭永臻等13位基金项目负责人当选两院院士，郭雪峰、王金淑、贺永等24人获国家杰出青年科学基金资助。

培养了一批青年人才，共有107人入选北京市科技新星计划；吸引和培育了一批优秀海归人才，20余名国家"千人计划"青年项目负责人得到了市自然科学基金资助。验收项目在TOP期刊发表文章近1600篇，国际论文H指数位居省部级基金第一位，获授权专利1072项，获国家级奖励24项、省级奖励187项。在北京市自然科学基金的资助下，一批优秀基础研究成果转化为关键技术和方法，共有240项成果得到了应用，在行业和产业发展中具有较大的应用前景。

专栏4-2：北京市自然科学基金探索基础研究领域引入联合基金投入模式

2013年，北京市自然科学基金（以下简称"市基金"）与北京市科学技术研究院建立了首个联合资助试点，实现了首次引入社会资金参与基础研究、首次联合编制指南体现需求引领、首次与合作单位共同管理项目，财政资金和社会资金一体化管理取得突破。截至2017年年底，市基金已与三元公司、交控科技公司、海淀区政府等共同设立了5只联合基金，共吸引外部资金近9000万元，占市基金财政投入的1/5。

联合基金逐步实现把制定指南的主体由学术研究单位向行业企业倾斜。行业龙头骨干企业从过去单打独斗搞研发，转变为组织大学、科研机构力量搞攻关；科研人员从过去在前沿热点中找课题，转变为在企业发展面对的难题中找项目。联合基金有效推动了企业与大学、科研机构对接资源、共享成果，形成了紧密的战略合作关系。例如，北京市自然科学基金——交控科技轨道交通联合基金通过引导合作方参与管理、主动对接、优先受让知识产权等方式，帮助企业建立了早期介入基础研究的途径和渠道，在项目研究中不断促进企业与高校研究力量的良性互动，不仅为城市轨道交通领域开辟了"可靠性研究"的新方向，还促进了交控科技与北航设立联合实验室开展实质研究合作，将建立轨道交通领域的可靠性体系和标准，极大地促进了基础研究与需求导向的良性互动。

大学和科研机构是基础研究的主力军。我国建设世界一流大学的重点任务之一就是提高基础研究水平，争做国际学术前沿并行者乃至领跑者，推动加强战略性、全局性、前瞻性问题研究，着力提升解决重大问题能力和原始创新能力。党的十八大以来，大学科技工作取得了全方位、历史性成就，具

图 4-1　中低速磁悬浮列车工程化样车

体体现在"5个60%和2个80%"。"5个60%"指大学承担了全国60%以上的基础研究，承担了60%以上的包括"863计划"、科技支撑、重点研发等重大科研任务，建设了60%的国家重点实验室，获得了60%以上的国家科技三大奖励，院士、杰青、千人、万人等高层次人才占60%以上；"2个80%"指大学发表科技论文数量和获得自然科学基金资助项目分别占全国80%以上[1]。

中国科学院是我国科研机构中的杰出代表。"十二五"期间，中国科学院在拓扑绝缘体和量子反常霍尔效应研究、细胞编程与重编程的机制研究以及量子通信、篜物理等领域取得了25项重点科技成果。在推动和服务经济社会发展方面取得了显著成效，通过科技成果转移转化使社会企业新增销售收入超过1.5万亿元，利税超过2200亿元。

---

[1]　资料来源：http://scitech.people.com.cn/n1/2017/1201/c1007-29680488.html。

图 4-2　北京正负电子对撞机重大改造工程获 2016 年度国家科技进步一等奖——中国科学院高能物理研究所自行研制的高性能正电子源

专栏4-3：关于基础研究和技术应用关系的探讨[1]

　　美国普林斯顿大学教授唐纳德·斯托克斯（Donald Stokes）于 1997 年出版《基础科学与技术创新：巴斯德象限》一书，阐述了基础科学与技术创新的关系，提出科学研究的象限模型。该模型是一个二维的坐标体系，横轴是该项科学研究在多大程度上是面向应用，纵轴为该项研究在多大程度上是面向认识世界。左上方为波尔象限，代表的是纯粹由好奇心驱动的基础研究。例如，以波尔为代表的原子物理学家对原子结构模型的探索。右上方为巴斯德象限，代表既寻求拓展知识又考虑应用目标的基础研究。例如，微生物学家巴斯德许多前沿基础性研究的动力是为了解决治病救人的实际难题。左下方为皮特森象限，代表既不由求知欲望引导也不考虑实用目标的研究，主要是强化研究者的研究技能，并对已有经验进行分析与整合，为能够尽快地胜任新领域内的工作打下良好基础。例如，《皮特森北美鸟类指南》中，鸟类观察家们对昆虫标记和发病率的高度系统化的研究。右下方是爱迪生象限，代表纯粹面向

---

[1]　参见［美］D.E.斯托克斯：《基础科学与技术创新：巴斯德象限》，科学出版社 1999 年版。

应用目的的研究。例如，爱迪生多年如一日从事着具有商业价值的电照明研究，而从不去探寻发明背后更深层的科学意义，不寻求对某一科学领域现象的全面认识。巴斯德象限强化了人们对"应用引起的基础研究"重要性的认识，对科学研究和政策制定产生了较大影响。

下一步，北京市将瞄准世界科技前沿，打好基础、储备长远。继续加强和科技部、教育部等的部市会商，与中国科学院等的院市合作，大力推进科教融合，推动大学、科研机构单位承担国家重点研发计划项目，推动在京大学、科研机构建设世界一流的大学、学科和科研机构，不断强化基础研究和应用基础研究，大力提升原始创新能力，实现前瞻性基础研究、引领性原创成果重大突破，夯实世界科技强国建设的根基。依托北京市自然科学基金加强和国家自然科学基金的合作，围绕科技创新中心建设重点领域和关键共性技术需求，通过对重点项目、重点研究专题等精准施策，带动与提升北京地区基础研究水平。与中国科学院共建怀柔综合性国家科学中心，推进重大科技基础设施群建设。

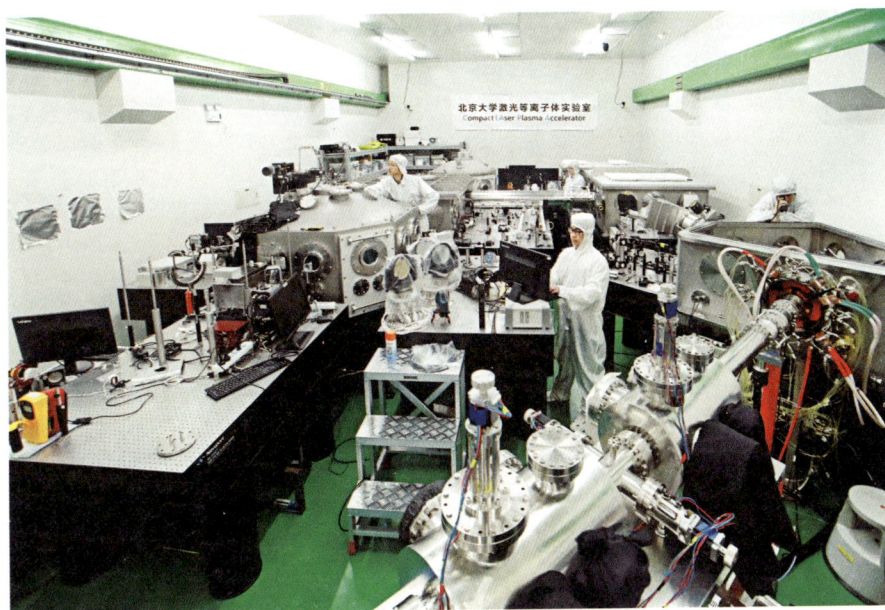

图 4-3　北京大学激光等离子体实验室

二、服务保障国家实验室在京布局

党的十八届五中全会提出，要在重大创新领域组建一批国家实验室。这是一项对我国科技创新具有战略意义的重大举措。以国家实验室建设为抓手，强化国家战略科技力量，在明确国家目标和紧迫战略需求的重大领域，在有望引领未来发展的战略制高点，以重大科技任务攻关和国家大型科技基础设施建设为主线，依托最有优势的创新单元，整合全国创新资源，建立目标导向、绩效管理、协同攻关、开放共享的新型运行机制，建设集突破型、引领型、平台型于一体的国家实验室。

专栏4-4：美国劳伦斯伯克利国家实验室

劳伦斯伯克利国家实验室（Lawrence Berkeley National Laboratory, LBNL，或 LBL，简称"伯克利实验室"）是全球首屈一指的原始创新承载区和开放创新平台。其前身是加州大学的放射实验室（Radiation Laboratory），建立于1931年，最初用于设计制造回旋加速器，其建立者欧内斯特·劳伦斯后来借此获得诺贝尔物理学奖。第二次世界大战期间，实验室进一步参与了相关军事研究，从 U-238 中分离 U-235 的电磁同位素分离法即由该实验室开发。第二次世界大战结束后，该实验室并入原子能委员会（现为美国能源部）国家实验室系统，开展多领域研究，主要面向国家需求和社会发展。20世纪60年代至80年代，伯克利实验室在物理学、核医学、材料科学、环境科学、生物科学领域获得了全面的进步。20世纪90年代，伯克利实验室建成了第一台三代同步辐射光源，完成了对于人类基因组11%的内容的研究。

伯克利实验室的科研实力在美国能源部下属的17个国家实验室中首屈一指。其研究领域广泛，涵盖了高能物理、地球科学、环境科学、计算机科学、能源科学、生物科学等多个重要学科。实验室占地81公顷，现有3395名雇员，2015年的年度财政预算超过8亿美元。在实验室工作过的优秀科学家包括13位诺贝尔自然科学奖得主，15位美国国家科学勋章得主，1位美国国家技术创新奖章得主，70位美国科学院院士。

伯克利实验室的运行机制可归纳为7个方面：一是所有权与运营权相分离的基础机制；二是建立第三方的顾问委员会机制；三是权责明确的日常业务机制；四是以财政投入为绝对主体的经费机制；五是决策关键利益的同行评议机制；六是内外呼应的科研质量保障机制；七是独具特色的技术合作和技术转移机制。

北京市积极对接国家有关部门，充分发挥科技创新资源优势，承接国家实验室建设。2017年11月21日，科技部批准组建6家国家研究中心，其中北京大学和中国科学院化学所的北京分子科学国家研究中心、中国科学院物理研究所的北京凝聚态物理国家研究中心、清华大学的北京信息科学与技术国家研究中心3家入选。国家研究中心主要面向世界科技前沿、面向经济主战场、面向国家重大需求，聚焦符合科学发展趋势且对未来长远发展产生巨大推动作用的前沿科学问题，聚焦可能形成重大科学技术突破且对支柱产业结构升级和经济发展方式转变产生重大影响的基础科学问题，聚焦学科前沿交叉研究方向，开展前瞻性、战略性、前沿性基础研究，成为具有国际影响力的学术创新中心、人才培育中心、学科引领中心、科学知识传播和成果转移中心。北京市积极服务国家实验室在京布局，推动成立北京量子信息科学研究院和北京脑科学与类脑研究中心，为相关领域国家实验室在京落地建设汇聚资源、培育力量、创造条件。同时，大胆探索建立符合大科学时代科研规律的科学研究组织形式、学术和人事管理制度，建立目标导向、绩效管理、协同攻关、开放共享的新型运行机制，为探索中国特色国家实验室积累经验。

专栏4-5：北京成立量子信息科学研究院

为推动我国抢占全球量子信息技术制高点，2017年12月24日，北京市政府联合中国科学院、军事科学院、北京大学、清华大学、北京航空航天大学等单位成立了北京量子信息科学研究院。

北京地区在量子信息科学研究方面具有领先优势，拥有全国最完整的学科布局、最强的研究队伍、国际一流的实验条件和技术资源。北京量子信息科学研究院将坚持"国家急需、世界一流、国际引领"的建设理念，瞄准世界量子物理与量子信息学前沿和国家在量子信息技术等领域的战略急需，整合北京现有量子物态科学、量子通信、量子计算、量子材料与器件、量子精密测量等领域的骨干力量，在理论、材料、器件、通信与计算及精密测量等基础研究方面力争取得世界级成果，并推动量子技术实用化、规模化、产业化。通过建立完善的知识产权体系，与产业界紧密结合加速成果转化，实现基础研究、应用研究、成果转移转化、产业化等环节的有机衔接。

为与国际接轨，北京量子信息科学研究院不确定机构规格，不核定人员编制，实行理事会领导下的院长负责制。理事会是研究院的决策机构，并设立评估委员会和审计委员会。

图 4-4　北京量子信息科学研究院

三、对接落实国家重大科技任务

（一）积极对接国家科技重大专项

　　国家科技重大专项是为实现国家目标，通过核心技术突破和资源集成，在一定时限内完成的重大战略产品、关键共性技术和重大工程。自2006年启动实施以来，国家科技重大专项聚焦国家战略目标，取得了一大批重大标志性成果，显著提升了我国科技和产业核心竞争力，为推进供给侧结构性改革、增强综合国力提供了重要支撑。截至"十二五"末期，国家科技重大专项已实现中央财政累计投入1274.5亿元，带动企业地方等投入2080亿元。专项创新成果的加速转化，为国计民生发展注入了强大动力：在产业发展领域，我国已建成全球规模最大的4G网络，用户总数达到7.34亿；先进的封装光刻机在国内市场的占有率已达到90%。在民生保障方面，专项突破了重污染行业的全过程控制、饮用水安全保障等关键技术，艾滋病病死率由专项实施前的17.9%降到了5.6%，全国5岁以下儿童的乙肝表面抗原携带率下降至1%以下。据不完全统计，"十二五"期间民口10个专项应用所产生的新增产值达到1.4万亿元，实缴税金1300多亿元[①]。

专栏4-6：国家科技重大专项

《国家中长期科学和技术发展规划纲要（2006—2020年）》确定了核心电子器件、高端通用芯片及基础软件，极大规模集成电路制造技术及成套工艺，新一代宽带无线移动通信，高档数控机床与基础制造技术，大型油气田及煤层气开发，大型先进压水堆及高温气冷堆核电站，水体污染控制与治理，转基因生物新品种培育，重大新药创制，艾滋病和病毒性肝炎等重大传染病防治，大型飞机，高分辨率对地观测系统，载人航天与探月工程等16个重大专项。10年来，重大专项坚持"自主创新、重点跨越、支撑发展、引领未来"的指导方针，紧紧围绕国家战略目标，凝聚科技界、产业界的优势力量集中攻关，攻克了一批关键核心技术，产出了一大批标志性成果，充分彰显了自主创新的中国力量。

在京单位全面参与了16个国家科技重大专项，重点承接了极大规模集成电路制造技术及成套工艺、新一代宽带无线移动通信等10个民口国家科技重大专项。由北京、上海牵头的"极大规模集成电路制造技术及成套工艺专项"（02专项）是唯一由地方政府牵头实施的重大专项，是国家科技重大专项组织实施模式的一次创新尝试，吸引了总规模1200亿元的国家集成电路产业投资基金落户北京。自2008年实施以来，实现了集成电路制造技术和产业"从无到有""由弱渐强"的巨大变化，成功建立起产业技术创新体系，引领和支撑我国集成电路产业快速崛起[②]。

北京将继续主动服务国家创新战略，重点牵头承担好正在实施的国家科技重大专项"极大规模集成电路制造技术及成套工艺"，推动刻蚀机等

---

① 资料来源：http://www.gov.cn/xinwen/2017-06/27/content_5205901.htm。

② 资料来源：http://www.nmp.gov.cn/tpxw/201705/t20170526_5164.htm。

一批阶段性成果实现与国外设备同步验证，实现我国集成电路技术跨越式发展，提升产业自主创新能力。支持在京优势单位牵头承担"核高基"（核心电子器件、高端通用芯片及基础软件）等国家科技重大专项，持续攻克一批关键核心技术，在京形成若干战略性技术和战略性产品，共同促进一批符合首都城市功能定位的重大科技成果在京落地转化和产业化。

（二）积极承接"科技创新2030—重大项目"

2017年，国家全面启动实施"科技创新2030—重大项目"，北京市积极部署、主动对接，制定配套政策，加强服务保障，争取在京布局，并取得重要进展："两机"专项中航空发动机已落地北京；"深海空间站"重大项目顶层设计和技术研发落地北京；清华大学、北京航空航天大学等高校参加"量子通信与量子计算机"重大项目实施；建设北京脑科学与类脑研究中心，更好承接"脑科学与类脑研究"重大专项；"天地一体化信息网络"重大工程已由中国电科集团牵头在京成立专业化运营公司。

专栏4-7："科技创新2030—重大项目"

根据《国家创新驱动发展战略纲要》和《中华人民共和国国民经济和社会发展第十三个五年规划纲要》，我国面向2030年部署一批与国家战略长远发展和人民生活紧密相关的重大科技项目和重大工程，它和2006年开始实施的国家科技重大专项将形成一个远近结合、梯次接续的系统布局。

"科技创新2030—重大项目"和工程包括：重大项目6项，分别是航空发动机及燃气轮机、深海空间站、量子通信与量子计算机、脑科学与类脑研究、国家网络空间安全、深空探测及空间飞行器在轨服务与维护系统；重大工程11项，分别是种业自主创新、煤炭清洁高效利用、智能电网、天地一体化信息网络、大数据、智能制造和机器人、重点新材料研发及应用、京津冀环境综合治理、健康保障、人工智能2.0、深地探测。

四、推进国家重大科技基础设施和创新基地建设

（一）加强国家重大科技基础设施建设

重大科技基础设施犹如科学"聚宝盆"，具备强大的科技集聚能力，

源源不断地产生大量科研成果，极大地增强了地区原始创新能力和竞争力，辐射和带动了区域经济的发展。比如，美国布鲁克海文国家实验室，集中了相对论重离子对撞机、空间辐射研究实验室、同步辐射光源、自由电子激光等重大设施，使得该实验室在发展新型、边缘科学和突破重大新技术方面具有强大能力，取得多项令世界瞩目的重大成果。

截至2017年年底，我国在建和投入运行的重大科技基础设施总量已接近50个[1]，总体水平基本进入国际先进行列。这些设施为载人航天、探月工程等国家重大科技任务提供支撑，取得了4夸克粒子（由4个夸克组成的新粒子）物质发现、重大流行病跨种传播机制等一批原创科技成果，催生出了一批高新技术。北京累计有子午工程[2]、凤凰工程[3]等13个国家重大科技基础设施投入运行或正在建设，占全国的1/4多。下一步，北京将依托已经运行或在建的国家重大科技基础设施，加强运行管理，促进开放共享，提升原始创新能力。同时，持续推进高能同步辐射光源、综合极端条件实验装置、地球系统数值模拟装置、多模态跨尺度生物医学成像、子午工程二期等重大科技基础设施建设，把北京怀柔加快建成具有世界先进水平的

① 资料来源：《党的十八大以来高技术领域发展成就之九：国家重大科技基础设施助力世界科技强国建设》，http://www.gov.cn/xinwen/2017-10/12/content_5231336.htm。

② 子午工程是东半球空间环境地基综合监测子午链的简称，是利用沿东经120°子午线附近，北起漠河，经北京、武汉，南至海南并延伸到南极中山站，以及东起上海，经武汉、成都，西至拉萨的沿北纬30°附近共15个综合性观测台站，建成一个以链为主、链网结合的，运用无线电、地磁（电）、光学和探空火箭等多种探测手段，连续监测地球表面、20～30千米以上到几百千米的中高层大气、电离层和磁层，以及十几个地球半径以外的行星际空间环境中的地磁场、电场、中高层大气的风场、密度、温度和成分，电离层、磁层和行星际空间中的有关参数，联合运行的大型空间环境地基监测系统。该工程由中国科学院牵头，教育部、工信部、中国地震局、国家海洋局、中国气象局等共同参与建设。

③ 国家蛋白质科学基础设施北京基地，又称凤凰工程，是我国开展大规模蛋白质研究与开发，抢占生命科学研究战略前沿的重大基础设施，由中国军事医学科学院、清华大学、北京大学、中国科学院生物物理研究所共同建设。

重大科技基础设施集群。

图 4-5　位于中关村生命科学园内的国家蛋白质科学中心

（二）优化国家科技创新基地在京布局

国家科技创新基地是围绕国家目标，根据科学前沿发展、国家战略需求以及产业创新发展需要，开展基础研究、共性关键技术研发、科技成果转化及产业化、科技资源共享服务等科技创新活动的重要载体，是国家创新体系的重要组成部分。下一步，北京将充分发挥国家级和市级重点实验室等基础研究平台作用，加强与国家科技计划（专项、基金等）的衔接，瞄准世界科技前沿，统筹布局重点领域原始创新，引领国家前沿领域关键科学问题研究，力争取得一批具有全球影响力的重大研究成果。同时，面向行业和产业发展需求，积极推动建设一批高水平的国家技术创新中心、国家临床医学研究中心、国家产业创新中心、国家制造业创新中心等，整合、联合行业内的创新资源，构建高效协作创新网络，协同推进现代工程技术和颠覆性技术创新，支撑和引领新兴产业集聚发展。

专栏4-8：国家新能源汽车技术创新中心

2018年1月，科技部批复在京建设国家新能源汽车技术创新中心，这是继国家高速列车技术创新中心之后的第二个国家级技术创新中心。中心将突出体制机制创新，完善"共商、共建、共治、共享、共用"的开放运行机制，吸纳行业优势资源参与，引进领域顶尖人才，打造世界新能源汽车技术创新的策源地。

北京具有高标准建设好国家技术创新中心的良好基础和有利条件。一是创新资源丰富。北京拥有汽车安全与节能国家重点实验室、国家动力电池创新中心、电动车辆国家工程实验室等国家级科技创新基地或机构；拥有北京国汽智能网联汽车技术研究院等新型研发平台。二是人才优势突显。2017年国内汽车行业新增的欧阳明高、孙逢春、吴锋3位院士，均来自北京。三是推广应用成效显著。截至2017年年底，北京纯电动汽车规模达到17.1万辆，占全国新能源汽车累计销量的12%，引领了我国纯电动汽车的发展；累计建成充电桩11.52万根，充电设施网络形成。四是市场内生动力强劲。新能源汽车市场接受度大幅增高，2017年新增新能源车辆上牌6.6万辆，占比超过年更新及新增车辆的10%。五是政策环境有利。2017年12月，北京市出台了《北京市加快科技创新培育新能源智能汽车产业的指导意见》，在全国率先发布实施自动驾驶车辆道路测试工作指导意见，首批划定33条公开测试道路，百度、北汽新能源、戴姆勒等企业获得路测测试牌照。

图4-6　2018年3月，联合共建方代表为国家新能源汽车技术创新中心揭牌

第二节　建设"三城一区"主平台

世界一流科学城，是世界强国科技实力的标志。世界科技强国都有自己引以为傲的科学城。著名的有美国的斯坦福科学城、日本的筑波科学城、巴黎的法兰西岛科学城等。美国斯坦福科学城，以美国加州斯坦福大学为中心，聚集了1000多家生产电脑、半导体的有关企业。目前该园区生产的电子集成电路成品约占世界总产量的25%，生产值达440亿美元。日本筑波科学城拥有日本国立研究所和46所大学，会集2万余名科研人员，约占科学城总人口的1/10。这里还汇集了300多家科研机构，占日本科研机构总数的30%以上，是日本科技发展的骨干力量。这些科学城对推动国家科技创新、推动经济不断增长起到重要支撑作用。

打造具有全球影响力的科技创新中心，需要建设世界一流的科学城。2017年2月，习近平总书记再次视察北京，强调北京最大的优势在于科技和人才，要以建设具有全球影响力的科技创新中心为引领，集中力量加快"三城一区"建设，深化科技体制机制改革，努力打造北京发展新高地。

《北京城市总体规划（2016年—2035年）》提出：坚持提升中关村国家自主创新示范区的创新引领辐射能力，规划建设好中关村科学城、怀柔科学城、未来科学城、创新型产业集群示范区，形成以"三城一区"为重点，辐射带动多园优化发展的科技创新中心空间格局，构筑北京发展新高地，推进更具活力的世界级创新型城市建设，使北京成为全球科技创新引领者、高端经济增长极、创新人才首选地。

北京市委书记蔡奇、市长陈吉宁多次到"三城一区"深入调研，逐一召开现场推进会，进一步明确各自功能定位、发展规划、重点任务和政策举措，并做出重要指示。2018年2月28日，蔡奇在接受新华社记者专访时表示，要以"三城一区"为主平台，以中关村国家自主创新示范区为主阵地，推进具有全球影响力的科技创新中心建设，为建设创新型国家做出新的贡献。陈吉宁在2018年《北京市政府工作报告》中强调加速"三城一区"主平台建设。

一、中关村科学城：建设具有全球影响力的科技创新策源地和自主创新主阵地

中关村科学城是新中国科技创新的摇篮和源泉，是全国科技创新中心的核心区。目前，中关村科学城规划空间范围已从原有的75平方千米扩展到174平方千米，并拓展至海淀区全域及生命科学园等昌平部分区域。中关村科学城环境优美，具有深厚的文化底蕴；科技资源聚集，大学和科研机构云集，高端人才荟萃，聚集多所"一流大学和一流学科"高校、多家新型研发机构，拥有580多名两院院士、"千人计划"1040人、北京市"海聚工程"319人、中关村"高聚工程"222人；创新能力突出，创新成果丰硕；创新要素完备，创新创业活跃，是国家知识产权示范城区、首批全国知识产权质押融资示范区、首批中国创业投资示范基地、首批全国双创示范基地，拥有全国首家知识产权法院；科技产业发达，"高精尖"结构凸显，有1.3万多家高科技企业、7000多家国家级高新技术企业。

《北京城市总体规划（2016年—2035年）》指出，中关村科学城要通过集聚全球高端创新要素，提升基础研究和战略前沿高技术研发能力，形成一批具有全球影响力的原创成果、国际标准、技术创新中心和创新型领军企业集群，建设原始创新策源地、自主创新主阵地。

2017年8月，北京市委书记蔡奇、市长陈吉宁到中关村科学城调研。蔡奇强调，要聚焦中关村科学城，努力把中关村打造成科学家、发明家、

创业者的天堂，率先建成具有全球影响力的科学城。一是聚焦功能定位。聚焦原始创新策源地和自主创新主阵地这两个定位，聚集全球高端创新要素，主动承接国家实验室和国家重大科技项目，以新一代网络信息技术、生物技术、新材料、人工智能等领域为重点，争取形成一批具有全球影响力的原创成果、国际标准、技术创新中心和创新型领军企业集群。二是聚焦创新主体。在京央属科研机构、高校、创新型企业等是首都科技创新的主力军。"主力要出征，地方须支前"，必须加强对"国家队"的服务和对接，把它们的巨大能量进一步释放出来。三是聚焦先行先试。中关村科学城本身就是改革的成果，它的重要使命之一就是开展政策的先行先试。要加强与国家部委的沟通协调，结合深化服务业扩大开放综合试点，加大政策集成力度，尽快推出新一轮先行先试改革举措，不断增强示范效应。四是聚焦创新要素。主要是人才和资本，要加强中关村人才特区建设，创新人才政策，进一步聚集海内外人才；要高度重视科技金融，利用政府资金引导更多社会资金，促进科技与经济、人才和资本的结合。

陈吉宁要求，中关村要进一步做好聚焦工作，为科学家、企业家创新创业营造良好环境。具体要做好4件事：一是做好服务。中关村未来发展需要更好的公共空间和公共服务。要下大决心、用大力气精心做好公共空间和交通规划，改造提升中关村大街，南部打造绿色慢行交通系统，北部加密发展轨道交通；重点区域要改造优化，做好棚户区、老居民楼的改造提升，改善科技人才居住环境和周边环境；要补齐公共服务短板，为科学家、企业家和投资者提供全天候的交流和服务空间。二是做好支持。要加强知识产权保护和管理。做好政府性科创引导基金，重点支持基础研究、前端研究和高门槛的硬技术研究。青年是中关村创新活力的源泉，要及时出台租赁住房政策，为青年成长创造条件。要制订针对创新型企业家和创新服务人才的支持计划，进一步完善创新链条。三是做好桥梁。开放、交叉、融合是创新的基础。政府要搭好平台，做好科学家、企业家、投资者之间的桥梁，加强有针对性的高层次创新创业培训，建立服务技术转移转化的专业队伍，用好政府采购首用首试等政策，鼓励支持创新。四是做好池子。既要支持做好创新研发，也要统筹做好创新成果承接落地。要与科学家、企业家交朋友，带动形成全社会尊崇创新的风气。要加强知识产权制度改革，完善产权激励政策，明晰科研成果的产权归属，促进更多创新成果在北京转移转化。要改变研发类用地供地形式，多出租少转让，努力把研发用地成本降下来。

2017年12月，市长陈吉宁围绕创新发展工作，再次到中关村科学城调研。明确中关村要按照北京城市总体规划的要求，用创新的理念、技术和方法破解城区发展中面临的困难和问题，推动城区有机更新。要优化空间布局，增强配套服务，更高效地发挥中关村的创新集聚效应。要在城市设计中强化创新形象，使"创新"成为海淀区、中关村的城市标志。

中关村科学城建设取得了积极进展。研究编制了中关村科学城发展规划，成立了中关村科学城共建联席会；出台了加快推进中关村科学城"创新发展16条"，涵盖了"高精尖"产业布局、人才队伍建设、创新创业服务、城市空间优化等多个领域，城市创新形象更加鲜明；建设全球健康药物研发中心、石墨烯研究院、前沿国际人工智能研究院等新型研发平台，中关村人工智能创新创业基地正式授牌，中国（北京）和中国（中关村）两个知识产权保护中心落地建设。突破了一批全球领先的颠覆性前沿技术，百度实施开放自动驾驶平台计划（Apollo计划），积极抢占无人驾驶领域制高点，旷世科技、商汤科技等一批企业迅速成长，围绕深度学习、计算机视觉、语音识别等领域正在形成集群式突破。

专栏4-9：北京市海淀区创新发展16条

2018年1月22日，北京市海淀区委、区政府发布了《关于进一步加快推进中关村科学城建设的若干措施》，推出了9大计划和7大行动等16条创新发展新举措，进一步打通了创新发展的"痛点"和"堵点"。

"9大计划"包括原始创新能力跃升计划、新型研发平台领航计划、创新型企业"3×100"计划、"高精尖"产业引领计划、"创新合伙人"计划、科技金融融合创新计划、创业服务提质计划、知识产权强基计划、标准创新领跑计划。"7大行动"包括城市空间更新行动、城市功能提升行动、科技城市建设行动、科技政府塑造行动、科技公民培育行动、全球联动创新行动、创新服务"码上办"行动。

下一步，中关村科学城建设将着力提高对全球创新资源的开放和聚集能力，着力补齐优质创新要素，着力促进不同创新群体深度融合，提升基础研究和战略前沿高技术研发能力，通过优化空间布局、推动城区有机更新、打造创新型服务政府、强化城市创新形象，营造国际一流的创新创业生态。瞄准世界科技前沿，重点布局一批关键共性、前瞻引领、颠覆性技术项目和平台，推动产生一批全球引领性原创成果。

二、怀柔科学城：建设世界级原始创新承载区

怀柔科学城的定位为"世界级原始创新承载区"，空间范围拓展至密云区，规划面积从41.2平方千米，扩展至100.9平方千米。《北京城市总体规划（2016年—2035年）》指出，怀柔科学城将围绕北京怀柔综合性国家科学中心、以中国科学院大学等为依托的高端人才培养中心、科技成果转化应用中心三大功能板块，集中建设一批国家重大科技基础设施，打造一批先进交叉研发平台，凝聚世界一流领军人才和高水平研发团队，做出世界一流创新成果，引领新兴产业发展，提升我国在基础前沿领域的源头创新能力和科技综合竞争力，建成与国家战略需要相匹配的世界级原始创新承载区。

2017年6月，北京市委书记蔡奇、市长陈吉宁到怀柔科学城调研。蔡奇强调，要立足高点定位，把握发展规律，努力打造百年科学城。要以长远战略眼光审视怀柔科学城的规划，明确以科研功能及配套为主的空间布局要求，重点建设一批国家重大科技基础设施，发展一批高端研发平台，集聚一批世界顶尖人才，汇聚一批世界级的科学研究机构，引领一批新兴产业，提升我国在交叉前沿领域的源头创新能力和科技综合实力，代表国家在更高层次上参与全球科技竞争与合作，努力建成与国家战略需求相匹配的世界级原始创新承载区。蔡奇指出，我们要建的是一个科学城，不是科技园。"城"的关键是配套服务功能。要突出为科技创新搞好配套服务，做好区域交通、优质教育医疗资源入驻、科技人才居住保障等工作，建设国际一流、绿色生态、智慧人文的科学之城、创新之城，努力为科学家的

图 4-7　高能同步辐射光源重大科技基础设施效果图

探索创新营造良好环境。

陈吉宁要求，怀柔科学城的建设是国家使命，必须紧密围绕国家科技创新战略来展开，实现国家目标。一要进一步明确发展定位，高标准做好科学规划。定位质量一流，突出特色，坚持有所为、有所不为，在给定空间集聚足够的人才和资金，形成足够的支撑强度，更好地发挥集聚效应，体现整体功能。二要处理好科学与城的关系，做好科学城规划。坚持以人为本的原则，明确城市功能。加紧研究科学城发展的基本规律，处理好科学与教育的关系、科学城与中关村的关系；深入研究如何发挥好核心区外溢效应；如何在空间上打破传统的科学分区，构建有利于创新的学术生态；如何提升国际化水平，形成全球学术交流中心和学术品牌；如何承担好科普和科学传播功能等问题。三要突出制度创新，做好运行管理机制规划。把怀柔科学城建设成为世界级科学城、国家科技创新的"引擎"。

怀柔科学城建设取得积极进展。怀柔综合性国家科学中心建设全面展开，成立了综合性国家科学中心理事会，举办了国际综合性科学中心研讨会，组建了全新体制的怀柔科学城管委会，设立了怀柔科学城建设发展公司为运营主体，建立了与国际接轨的运行机制；综合极端条件实验装置及材料基因组研究平台、清洁能源材料测试诊断与研发平台、分子材料与器件研究测试平台、脑认知功能图谱与类脑智能交叉研究平台等5个前沿交叉研究平台全部开工建设；超顺排碳纳米管、纳米发电机、动力电池等一批重大科技成果在怀柔科学城落地。

专栏4-10：综合性国家科学中心

> 综合性国家科学中心是国家科技领域竞争的重要平台，是国家创新体系建设的基础平台，是国家建设世界科学中心、抢占创新高地的重大举措，也是引领科学发展和国际重大前沿技术突破的新引擎。截至2017年年底，国家发展改革委、科技部共联合批复三个综合性国家科学中心，分别为：北京怀柔综合性国家科学中心、上海张江综合性国家科学中心、安徽合肥综合性国家科学中心。

表4-1 综合性国家科学中心情况（北京、上海、合肥）

名称	获批时间	建设单位	定位	主要任务
北京怀柔综合性国家科学中心	2017年5月	北京市和中国科学院共建	北京怀柔综合性国家科学中心以怀柔科学城为核心承载区，以世界先进水平的重大科技基础设施群为依托，综合集成北京地区的相关科研机构、创新人才、研究装置和科技项目，开展高水平科研活动，提升我国在交叉前沿领域的源头创新能力和科技综合实力，代表国家在更高层次上参与全球科技竞争与合作	重点开展5个方面的主要任务：一是深化体制机制改革；二是建设世界一流重大科技基础设施集群；三是组织开展高水平研究活动；四是构建跨学科、跨领域的协同创新网络；五是探索实施综合性国家科学中心组织管理新体制
上海张江综合性国家科学中心	2016年3月	上海市主导	上海张江综合性国家科学中心的建设与发展是上海建设具有全球影响力的科技创新中心的关键举措和核心任务，目的是构建代表世界先进水平的重大科技基础设施集群，提升我国在交叉前沿领域的源头创新能力和科技综合实力，代表国家在更高层次上参与全球科技竞争与合作	重点建立世界一流重大科技基础设施集群；聚焦生命、材料、环境、能源、物质等交叉前沿领域，推动设施建设与前沿交叉研究深度融合；汇聚并培育全球顶尖研发机构和一流研究团队，探索整合跨学科、跨领域、跨部门创新要素，构建跨学科、跨领域的协同创新网络；探索实施重大科技设施组织管理新体制

名称	获批时间	建设单位	定位	主要任务
安徽合肥综合性国家科学中心	2017年1月	安徽省和中国科学院共建	安徽合肥综合性国家科学中心将依托合肥地区大科学装置集群,聚焦信息、能源、健康、环境四大领域,吸引、集聚、整合全国相关资源和优势力量,推进以科技创新为核心的全面创新,成为国家创新体系的基础平台、科学研究的制高点、经济发展的原动力、创新驱动发展的先行区	以"2+8+N+3"的建设任务为框架体系,依托中国科技大学在量子通信技术领域的国际领先地位,争创量子信息科学国家实验室;依托聚变堆主机关键系统综合研究设施等一批大科学装置,建设世界一流重大科技基础设施集群;建设一批前沿交叉研究平台和一批产业创新转化平台;加快建设中国科技大学、合肥工业大学、安徽大学等"双一流"大学和学科以及滨湖科学城

下一步,北京将突破怀柔科学城,以百年科学城为标准,打造新时代科学城新标杆。建立国际化、开放式管理运行新机制,深化北京怀柔综合性国家科学中心建设,加快建设高能同步辐射光源、多模态跨尺度生物医学成像设施等大科学装置,以及新一批前沿交叉研究平台。营造一流环境,做好科学、科学家、科学城文章,完善交通网络,加快优质教育、医疗资源布局,打造绿色科学城。引导民间资本、社会力量、国际资源广泛参与,促进科研基础设施共建共享,构建从基础设施、基础研究、应用研究、成果转化到"高精尖"产业的创新链。

三、未来科学城:打造全球领先的技术创新高地

未来科学城最初定位是中央企业的创新基地和一流科研人才的聚集地,地处中关村科学城和怀柔科学城的连接点上,规划研究面积由17平方千米核心区拓展至约170.5平方千米,是全国科技创新中心建设的又一主平台。《北京城市总体规划(2016年—2035年)》指出,未来科学城将着重集聚一批高水平企业研发中心,集成中央企业在京科技资源,重点建设先进能源、

先进制造等领域重大共性技术研发创新平台，打造大型企业技术创新集聚区，建成全球领先的技术创新高地、协同创新先行区、创新创业示范城。

2017年9月，北京市委书记蔡奇、市长陈吉宁到未来科学城调研。蔡奇强调，要立足搞活未来科学城，努力实现由建设央企人才创新创业基地向建设全国科技创新中心主平台转变，由服务保障央属国企创新向促进多元主体协同创新转变，由单一功能区建设向多点支撑、全域联动转变，打造全球领先的技术创新高地。蔡奇指出，盘活存量资源是搞活未来科学城的关键，建立以研发投入为核心指标的评价机制，探索在央企试行北京市鼓励创新的"28条"措施，调动已入驻央企的积极性。整合一批央企、高校、民企，建立未来科学城协同创新研究院，并借力促进沙河高教园区与未来科学城形成科技研发良性互动。要量身定制引进政策，把中关村引才政策覆盖到未来科学城，加大引进全球顶尖科学家和创新团队的力度，打造海外人才高地。

陈吉宁要求，规划建设好未来科学城要注意解决两方面问题：一要完善体制机制，提高专业化服务能力。要解决好如何选择企业的问题，要优化企业，帮助企业尽快成长。二要扎实做好科技园向科学城的转变。加强空间统筹、功能统筹，处理好与中关村科学城、怀柔科学城的关系，在发

图 4-8　未来科学城一期图景

展中不断明确定位，解决好"我是谁"的问题。深化聚焦，进一步明确科学城发展的重点领域和方向，加快发展知识产权、检验检测等科技服务业，不断完善创新创业的配套服务。

未来科学城建设取得积极进展。有效集聚了一批高水平央企研究院所，布局了一批高端科技创新平台，创新驱动能力提升；能源和材料等领域特色凸显，创新潜能逐渐释放；打开"院墙"搞科研，中俄科教创新园等项目启动建设，国网、华能、航天十一所等单位共建氢能技术协同创新平台，中海油与中国石油大学共建海洋能源工程技术联合研究院；在低碳环保、清洁能源、智能电网等领域，科技实力不断增强，取得了一批具有自主知识产权的创新成果，国家电网公司的特高压 ± 800kV 直流输电工程获 2017 年国家科学技术特等奖。

下一步，未来科学城将紧紧围绕搞活加紧发力。鼓励入驻央企加大研发投入和加强前沿技术研究，建立有利于创新的公司治理结构，激发创新动力和活力。引导入驻央企打开"围墙"，积极引入民营研发机构、创新企业、高校等多元主体，加快投资孵化、科技服务等创新要素聚集，加强与沙河高教园的统筹，推动协同创新、联动发展。加快完善配套服务，持续推进交通、教育、医疗等配套设施建设，提高科学城发展品质。

四、北京经济技术开发区：打造"高精尖"产业主阵地

北京经济技术开发区既是北京市构建"高精尖"经济结构的重要部分，也是推动和加速科技创新的重要支撑。2017 年北京工业实现了增加值 4274 亿元，其中北京经济技术开发区独揽 869 亿元，以占北京 0.35% 的土地，贡献了全市 20% 的工业增加值。根据新规划，北京经济技术开发区将以现有 59.6 平方千米为核心，统筹研究 193 平方千米产业空间，辐射带动首都南部和东部地区发展。

2017 年 11 月，北京市委书记蔡奇、市长陈吉宁到北京经济技术开发区调研。蔡奇强调：一要提高站位。北京经济技术开发区要按照新一版城市

总体规划的要求，从战略高度谋划未来发展，着力打造具有全球影响力的科技成果转化承载区、技术创新示范区、深化改革先行区、"高精尖"产业主阵地和宜居宜业的绿色城区。二要完善规划。从顶层设计入手，研究经济技术开发区新一轮的创新发展。要进一步拓展发展空间，集约用地，合理布局各种要素和产业。三要抓好科技成果转化落地。建立机制和转化平台，加强产学研深度融合，以重大项目为牵引，积极承接"三城"的科技创新成果，培育更多创新型企业。利用资本杠杆，完善支持企业技术创新的政策。四要加大改革力度。加强经济技术开发区体制机制改革和政策创新研究，在科技、金融等生产性服务业方面完善再造政策，积极扩大、有效利用外资。五要深化产城融合。经济技术开发区要继续保持低密度特色，加强公共服务设施发展，优化职住比，进一步提高交通服务水平和通行能力。六要加强统筹协调。"一区"发展涉及经济技术开发区、大兴和通州，各方都要有大局观，树立"一盘棋"思想，在规划、功能、政策上一体考虑，实现协同发展。

陈吉宁要求，要深化对北京经济技术开发区战略作用的认识。北京经济技术开发区既是本市构建"高精尖"经济结构的重要部分，也是推动和加速科技创新的重要支撑。提升高科技制造业水平，深化产学研融合，对北京建设科技创新中心、推进创新发展十分必要。要加强统筹，进一步提高产业聚集度，加快从产业园向创新产业园转型。要统筹与周边区域的产业空间布局，发挥好辐射带动作用；加强与"三城"的互动联通，形成完善的创新转化机制；鼓励企业加大研发投入，向创新型企业发展；强化产业与金融的结合，促进企业做优做强；加强产业用地管理，进一步腾笼换鸟产业升级；加大体制机制改革力度，改善营商环境，优化创新生态，使北京经济技术开发区成为吸引民资、外资的重要基地。要加强大气污染治理，以更高标准，下更大决心、花更大力气，持续改善空气质量，营造宜居宜业的环境。

北京经济技术开发区着力承接转化"三城"重大科技成果。国家新能源汽车技术创新中心、大数据智能管理与分析技术国家地方联合工程研究中心获批建设。世界机器人大会永久会址落户开发区。基于宽带移动互联网的智能汽车、8英寸MEMS传感器芯片等重大产业创新项目加快落地；京东方在智能手机屏、平板电脑显示屏、笔记本电脑显示屏三大细分市场占有率全球第一。

下一步，北京经济技术开发区将建立与三大科学城的对接转化机制，统筹大兴、通州等空间资源，与顺义、房山协同发展，搭建一批技术创新公共服务平台，聚焦新一代信息技术、产业互联网、生物医药等领域，抓好重大项目落地，在国家重大战略产业的核心技术、核心设备上取得突破，培育一批具有全球影响力的创新型企业，加快建设升级版的北京经济技术开发区。

北京市还将继续推进创新型产业集群示范区建设，对标国际一流构建"高精尖"经济结构。培育支持新一代信息技术、人工智能、集成电路、医药健康、高端装备制造、智能新能源汽车、新材料、节能环保、软件和信息服务、科技服务等"高精尖"产业，促进制造业提质增效和服务业高端发展；推动全市产业向重点园区集聚、重点园区向主导产业集聚、主导

图4-9 2018年世界机器人大会在北京亦庄隆重召开。
从2016年起，世界机器人大会永久会址落户北京亦庄

产业向创新型企业集聚，促进国家网络安全产业园等一批重点特色园区发展；推动智能网联汽车、前沿新材料、人工智能等领域制造业（产业）创新中心建设，推进信息化和工业化深度融合，深化制造业与互联网融合发展，不断提升企业创新能力；加强"城—区"对接，促进创新链、产业链、资金链在三大科学城与各产业集聚区之间的良性互动。

图 4-10　京东方科技集团股份有限公司第 8.5 代 TFT-LCD 生产线

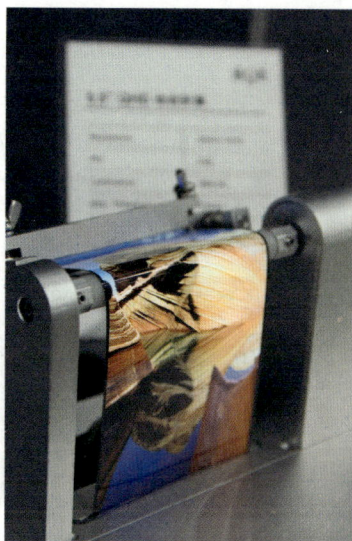

图 4-11　京东方科技集团股份有限公司生产的折叠柔性屏

第三节　深化全面创新改革和中关村先行先试

习近平总书记指出，如果把科技创新比作我国发展的新引擎，那么改革就是点燃这个新引擎必不可少的点火系。我们要采取更加有效的措施完善点火系，把创新驱动的新引擎全速发动起来。党的十九大强调，必须坚持全面深化改革，不断推进国家治理体系和治理能力现代化，坚决破除一切不合时宜的思想观念和体制机制弊端，突破利益固化的藩篱，吸收人类文明有益成果，构建系统完备、科学规范、运行有效的制度体系，充分发挥我国社会主义制度优越性。

一、坚持首善标准优化营商环境

2017年7月17日，习近平总书记主持召开中央财经领导小组第十六次会议，强调北京、上海、广州、深圳等特大城市要率先加大营商环境改革力度。同年9月6日，北京市委、市政府印发《关于率先行动改革优化北京市营商环境实施方案》（京发〔2017〕20号，以下简称《方案》），进一步加大改革创新力度，不断提高为企业服务的能力和水平，努力把北京打造成为国际一流的营商环境高地，成为我国建设开放型经济新体制的"排头兵"。《方案》具有以下特点：

一是突出政府职能转变，以建设服务型政府、进一步提升服务企业水平为改革核心。强化企业市场主体地位，创新行政管理方式，政府明确标准规范并保持政策的连续性和稳定性，探索以政策引导、企业承诺、监管约束为核心的承诺制管理模式，为企业创造审批最少、流程最优、效率最高、服务最好的营商环境。

二是突出对标对表，以法治化、国际化、便利化为工作导向。坚持依法行政，依法加强市场监管，维护公平交易和自由竞争秩序，提高政府法治化水平；坚持国际标准，在科技、人才、贸易、园区建设等多个领域与国际标准对接，进一步提升做事规则的国际化水平；以企业便利为出发点，为企业投资、贸易、生活等方面提供便利服务，不断提高政府服务效率。

三是突出首都特点，以深化"放管服"改革、推进服务业扩大开放、加快"智慧政务"建设为重要抓手。坚持简政放权、放管结合、优化服务，在简化审批、下放权限的同时，强化事中事后监管，提高综合服务能力；以国务院批复新一轮服务业扩大开放措施为重大契机，加大对外开放力度，以开放促进自身制度建设，推动占北京地区生产总值比重80%以上的服务业加快发展；深入推进"互联网＋政务服务"的模式，创新服务方式，优化服务流程，推进数据共享，最大程度利企利民，让企业和群众少跑腿、好办事、不添堵。

专栏4-11：优化营商环境，深化"放管服"改革[①]

北京市《关于率先行动改革优化北京市营商环境的实施方案》从投资环境、贸易环境、生产经营环境、人才环境、法治环境5个方面提出了改革优化营商环境的具体政策措施，彰显了"五个更加"。

一是投资环境更加开放。以便利化为导向，围绕外商投资、民间资本、投资审批、商事服务程序简化等方面提出具体的改革举措。在投资准入放开方面，加快放开部分竞争性领域外资准入限制和股比限制；实现外商投资企业备案事项办理时限由20个工作日缩短至3个工作日。在投资审批效率方面，制定《北京市政府核准的投资项目目录（2017年本）》，再压减50%的核准事项；完善本市投资项目在线审批监管平台，实现投

---

① 参见北京市发展和改革委员会：《关于对〈关于率先行动改革优化北京市营商环境的实施方案〉的解读》，2017年12月15日。

资审批"一张网"。在商事服务方面，逐步扩大全程电子化试点范围，实现行政办理人员与企业申请人"零见面"；在"七证合一"的基础上，再整合相关部门证表，实现涉企事项"多证合一"。

二是贸易环境更加便利。围绕企业关心的通关通检便利化、境外合作等方面提出具体政策措施。在贸易便利化方面，加快通关一体化改革，推进国际贸易"单一窗口标准版"北京试点建设，在交通枢纽等条件成熟的场所试点建设城市候机楼，对高信用等级企业降低海关查验率，全年出口平均查验率控制在2%以内。在服务企业"走出去"方面，对境外投资实行备案为主、核准为辅的管理模式，完善境外重大投资项目协同服务机制。

三是生产经营环境更加良好。聚焦企业最关注的产业发展、创新环境、税费改革、供地政策等方面制定相关改革措施。产业政策方面，分行业研究出台促进"高精尖"产业发展的政策；编制重点产业功能区发展指数，进一步提高重点产业功能区投入产出效率；出台加大市级财政对各区个人所得税征收奖励力度的政策措施。科技创新方面，设立北京市科技创新基金，引导符合首都城市战略定位的高端科研成果在京转化，研究探索利用财政资金形成的科技成果限时转化制度，完善中关村首台（套）重大技术装备示范应用的支持政策。降低成本方面，处理好企业反映突出的外商投资企业土地使用费和残保金征收问题；完善企业自建自持办公用房的供地政策，试点推行产业用地弹性年期出让；减少政府定价管理的涉企经营服务性收费，规范行业商（协）会收费行为，进一步减轻企业负担；出台优化提升、符合首都城市战略定位的总部经济相关政策措施，做好总部企业服务。

四是人才发展环境服务更加精细。聚焦人才最关心、需求最急迫、反映最突出的问题提出相关改革措施。在人才落户方面，修订人才引进政策标准，大力引进优秀投资人才和创新创业人才，符合条件的可以申请办理北京市工作居住证或人才引进落户；为本市产业发展急需或创新创业潜力较大的外籍投资人才开通"绿色通道"，办理最高期限为5年的外国人工作许可证；研究设立外国人才类北京市工作居住证。在人才发展方面，推动形成体现增加知识价值的收入分配机制，在市属上市公司、非上市科技型企业中试点开展股权激励、分红激励等政策措施。在人才服务保障方面，力争用2~3年时间在重点产业功能区和人才密集地区开工建设至少10所优质中小学校；以产业园区为重点，加大人才公租房筹集力度，由园区企业自持、统一配租，优先满足入园企业人才住房需求；未来5年在新城、交通枢纽、产业园区等重点区域，推出10平方千米集体建设用地用于建设满足多层次居住需求的租赁住房。

五是法治环境更加公平。严格依法行政，坚持依法管理、依规审批、依职服务。在政策制定实施方面，注重合理保持政策的稳定性、连续性，给予市场主体稳定预期；落实公平竞争审查制度，有序清理废除现存妨

> 碍统一市场和公平竞争的各种规定、做法。在诚信体制建设方面，依托全市公共信用信息服务平台实现"红黑名单"统一管理和联合惩戒业务协同，实行巨额惩罚性赔偿制度，对严重违法失信主体采取市场进入限制，形成"一处失信，处处受限"的失信惩戒长效机制。在知识产权保护运用方面，提高知识产权审查质量和审查效率，开通快速出证通道，培育一批知识产权运营试点单位；加大对知识产权侵权违法行为特别是反复侵权、恶意侵权、规模侵权等行为的处罚力度。在市场监管方面，探索建立跨部门、跨领域"双随机、一公开"监管执法机制，制订市场监管领域职能和机构整合的改革方案，推进综合执法，切实解决多头监管、重复监管的问题。

2018年8月，国家发展改革委公布对全国22个城市营商环境进行试评价的结果。从试评价结果看，北京市精准制定"9+N"系列政策措施，聚力营商环境示范工程建设，开办企业、办理建筑许可等方面的改革取得突破性进展。在第一批试评价城市中名列第一，其中衡量企业全生命周期维度、反映城市投资吸引力维度均排名第一，体现城市高质量发展水平居前列①。

二、开展全面创新改革试验

2015年5月，习近平总书记主持召开十八届中央全面深化改革领导小组第十二次会议，会议审议通过了《关于在部分区域系统推进全面创新改革试验的总体方案》。同年9月，中共中央办公厅、国务院办公厅印发《关于在部分区域系统推进全面创新改革试验的总体方案》，京津冀、上海、广东、安徽、四川、武汉、西安、沈阳8个区域（城市）被确定为全面创新改革试验区。

随后，京津冀三地发展改革部门、科技部门等组成联合工作组，研究提出本区域改革试验方案。2016年6月，国务院批复《京津冀系统推进全面创新改革试验方案》。

---

① 资料来源：http://www.beijing.gov.cn/lqfw/gggs/t1558075.htm。

为进一步健全协作机制，三地制订了京津冀及各自的具体实施方案，形成"1+3"工作体系，明确责任分工，落实各项改革举措，形成工作合力。

两年多来，中关村国家自主创新示范区、北京市服务业扩大开放综合试点、天津国家自主创新示范区、中国（天津）自由贸易试验区和石（家庄）保（定）廊（坊）地区的国家级高新技术产业开发区及国家级经济技术开发区发展基础和政策先行先试的经验，围绕探索发挥市场和政府作用、促进科技与经济深度融合、激发创新者动力和活力、深化开放创新等展开试验，加速了京津冀三地创新链、产业链、资金链、政策链的深度融合，建立健全区域创新体系，有力推动了构建京津冀协同创新共同体，努力打造中国经济发展新的支撑带。

截至2017年年底，京津冀三地共同开展的18项改革任务已落地11项，北京市自身开展的47项改革试验任务已有70%落地实施。其中，外国留学生在华创新创业、外籍高层次人才及其配偶和未成年子女推荐申请在华永久居留等改革试验措施已经在其他省市或全国范围内推广。

2018年4月，国务院对北京市积极改善地方科研基础条件、优化科技创新环境、促进科技成果转移转化的做法及成效给予通报表扬。

专栏4-12：全面创新改革试验的主要目标

2015年9月，中共中央办公厅、国务院办公厅印发《关于在部分区域系统推进全面创新改革试验的总体方案》。主要目标是力争通过3年努力，在改革试验区域基本构建推进全面创新改革的长效机制，在市场公平竞争、知识产权、科技成果转化、金融创新、人才培养和激励、开放创新、科技管理体制等方面取得一批重大改革突破，每年在全国范围内复制推广一批改革举措和重大政策，形成若干具有示范、带动作用的区域性改革创新平台，使创新环境更加优化。一些区域在率先实现创新驱动发展转型方面迈出实质性步伐，科技投入水平进一步提高，知识产权质量和效益显著提升，科技成果转化明显加快，创新能力大幅增强，产业发展总体迈向中高端，知识产权密集型产业在国民经济中的比重大幅提升，形成一批具有国际影响力、拥有知识产权的创新型企业和产业集群，培育新的增长点，发展新的增长极，形成新的增长带，经济增长更多依靠人力资本质量和科技进步，劳动生产率和资源配置效率大幅提高，发展方式逐步从规模速度型粗放增长向质量效率型集约增长转变，引领、示范和带动全国加快实现创新驱动发展，形成经济社会可持续发展新动力。

三、打造中关村先行先试升级版

1988年，国务院批准在中关村地区成立北京市新技术产业开发试验区，中关村成为我国第一个国家级高新区。30年来，历经"电子一条街"、北京市新技术产业开发试验区、中关村科技园区、中关村国家自主创新示范区等阶段，中关村始终不忘初心，肩负国家科技体制改革"试验田"的使命，促进科技与经济紧密结合。经过不断发展，中关村已拓展至北京16个区，总面积达488平方千米，已经形成"一区多园、各具特色、协同联动"的发展格局。

2013年9月30日，十八届中央政治局到中关村集体学习。习近平总书记强调，中关村要加大实施创新驱动发展战略力度，加快向具有全球影响力的科技创新中心进军，为在全国实施创新驱动发展战略更好地发挥示范引领作用。

创新发展无止境，中关村正加速向世界领军科技创新中心迈进！2017年，中关村地区新注册科技企业超过了3万家，平均每天注册企业80多家；1万多名投资人，900多家创投机构活跃在中关村，2017年创投金额达到1100多亿元，无论是投资案例或投资额都超过了全国的30%。截至2017年年底，中关村有2万多家科技型企业，有318家上市公司，其中100多家企业在海外上市。"新三板"挂牌企业有1700家，占全国的1/7。2017年，中关村国家自主创新示范区总收入超过5万亿元，对北京的经济增长贡献超过30%，已经成为构建"高精尖"产业的强大引擎。如今，中关村已经形成人才、技术、资本的"三驾马车"，从昔日新兴产业国际前沿水平的"跟跑者"，转变为科技创新领域的"并跑者"，以及"互联网＋共享"等新型经济创新领域的"领跑者"。

中关村先行先试不断取得新进展。率先实施国务院"1+6""新四条"

等系列先行先试政策，其中股权激励、外债宏观审慎管理改革等10余项先行先试的改革经验面向全国复制推广，发挥了对全面创新改革的辐射带动作用。围绕商事制度、药品审评审批、人才管理、金融创新等重点改革领域，与中央单位共同推动开展70余项改革举措，先行先试改革取得新突破。2017年，中关村一方面持续落实落细公安部支持北京创新发展的20条出入境政策、国家工商总局支持中关村创新发展的19条意见和国家食药总局支持中关村食品药品监管及产业发展的12条政策，深入投贷联动试点、外债宏观审慎管理试点推动金融创新；另一方面不断创新政策设计，在科技成果转化、知识产权保护、科技金融改革、生物医药材料通关便利化等方面，研究提出10条创新政策建议，探索新一轮更高层面、更深层次的改革试点。

深入贯彻落实《关于推动中关村国家自主创新示范区一区多园统筹协同发展的指导意见》，一区多园统筹协同发展取得积极进展，建立了"一处一园"精准服务分园工作体系和工作机制，加强对各分园整体发展规划、空间规划、产业布局、管理体制机制、"高精尖"产业项目、稳增长调结构等工作的统筹指导，建立了重大项目统筹落地机制和存量空间盘活利用激励机

图4-12 《生命》（双螺旋雕塑），始建于1992年，是中关村发展的见证者

制；研究制定了中关村示范区分园创新发展考核评价指标体系；编制了示范区分园特色产业指导目录和产业项目准入标准，构建由优势主导产业、重点培育产业和创业孵化三个层次构成的"高精尖"产业培育格局。

专栏4-13：中关村发展历程①

一、1983年1月至1988年4月，"电子一条街"的形成

1980年10月23日，中国科学院物理研究所研究员陈春先与6名科技人员一起，成立北京等离子体学会先进技术发展服务部。这一举动拉开了科技人员面向市场、自主创业的序幕。到1987年，以"两通两海"（即四通公司、信通公司、科海公司、京海公司）为代表的近百家科技企业聚集在自白石桥起沿白颐路（今中关村大街）向北至成府路和中关村路至海淀路一带、东至学院路，形成大写的英文字母"F"形地区，被人们称为"电子一条街"。

二、1988年5月至1999年5月，北京市新技术产业开发试验区

1988年5月，国务院批准成立北京市新技术产业开发试验区，它就是中关村科技园区的前身。中关村科技园区管理委员会作为市政府派出机构对园区实行统一领导和管理。

1994年4月，国家科学技术委员会批准将丰台园、昌平园纳入试验区政策区范围。

1999年1月，经国家科委批准，试验区区域再次调整，将电子城、亦庄园纳入试验区政策区范围。从此，北京市新技术产业开发试验区形成"一区五园"的空间格局。

三、1999年6月至2009年2月，中关村科技园区

1999年6月，国务院批复要求加快建设中关村科技园区，这是中国政府实施科教兴国战略，增强我国创新能力和综合国力的一项重大战略决策。

1999年8月，北京市政府发出通知，决定将北京市新技术产业开发试验区管理委员会更名为中关村科技园区管理委员会。

2000年12月8日，北京市第十一届人民代表大会常务委员会第二十三次会议通过了《中关村科技园区条例》。

2005年8月，国务院做出了关于支持做强中关村科技园区的8条决定。

2006年1月，经国务院批准，国家发展改革委公告第五批通过审批的20家国家级开发区（2006年第3号）。调整后的中关村科技园区总面积为232.52平方千米，包括海淀园、丰台园、昌平园、德胜园（含雍和园）、电子城（含健翔园）、亦庄园（包括通州光机电一体化园区和通州环保园区、石景山园、大兴生物医药产业基地等，形成了"一区十园"的空间格局）。

---

① 资料来源：http://www.zgc.gov.cn/zgc/zwgk/sfqgk/sfqjs/fzlc/index.html。

四、2009 年 3 月至今，中关村国家自主创新示范区

2009 年 3 月，国务院批复同意建设中关村国家自主创新示范区，要求把中关村建设成为具有全球影响力的科技创新中心，成为创新型国家建设的重要载体，掀开了中关村发展新的篇章。批复指出，要加快改革与发展，努力培养和聚集优秀创新人才特别是产业领军人才，着力研发和转化国际领先的科技成果，做强做大一批具有全球影响力的创新型企业，培育一批国际知名品牌，全面提高中关村自主创新和辐射带动能力，推动中关村的科技发展和创新在 21 世纪前 20 年再上一个新台阶，使中关村成为具有全球影响力的科技创新中心。随后，中关村开始了以"1+6"为代表的新一轮先行先试改革。

2010 年 12 月，北京市十三届人大常委会第二十二次会议表决通过《中关村国家自主创新示范区条例》。该条例明确规定："中关村国家自主创新示范区由海淀园、丰台园、昌平园、电子城、亦庄园、德胜园、石景山园、雍和园、通州园、大兴生物医药产业基地以及市人民政府根据国务院批准划定的其他区域等多园构成。"同时，开始加快落实国务院批准的中关村"1+6"的鼓励科技创新和产业化的系列先行先试改革政策。

2011 年 1 月 26 日，国务院批复同意了《中关村国家自主创新示范区发展规划纲要（2011—2020 年）》，进一步明确了中关村示范区今后 10 年的战略定位和发展思路。在 2011 年，国家"十二五"规划中明确提出"把北京中关村建设成为具有全球影响力的科技创新中心"。

2012 年 10 月 13 日，国务院批复同意调整中关村国家自主创新示范区空间规模和布局，由原来的一区十园增加为一区十六园，包括东城园、西城园、朝阳园、海淀园、丰台园、石景山园、门头沟园、房山园、通州园、顺义园、大兴—亦庄园、昌平园、平谷园、怀柔园、密云园、延庆园，示范区面积由原来的 233 平方千米，增加到 488 平方千米。

2013 年 9 月 30 日，十八届中央政治局第九次集体学习在中关村举行，习近平总书记发表重要讲话时强调，中关村已经成为我国创新发展的一面旗帜，面向未来，要加快向具有全球影响力的科技创新中心进军。

下一步，中关村将按照《北京城市总体规划（2016 年—2035 年）》要求，充分发挥改革试验田作用，加大已出台的各项政策落实力度，针对落实过程中发现的突出矛盾和焦点问题，在国有科技类无形资产管理、成果转化人员激励、建立健全改革创新容错机制、推动中央在京单位试行本市创新政策等方面重点发力。始终坚持以人民为中心的改革价值取向，进一步加大先行先试力度，在成果转化现金奖励税收优惠、扩大企业转增股本个人所得税范围等方面，争取实施新一批创新政策。完善创业投资政策，

加大对小微企业融资支持力度，加强企业上市和挂牌培育力度。

深化一区多园统筹协同发展，制定出台一系列提升分园管理水平和创新能力的重大措施，改革完善分园管理运行机制，探索引入国际化专业团队参与园区管理，促进一区多园高端化、特色化、协同化发展。加强对分园产业项目准入和"高精尖"产业用地的调控，支持一区多园培育"高精尖"产业，围绕分园产业定位，优化创新创业生态，引导高端创新要素集聚，建设一批特色产业园区，挖掘支持一批前沿技术转化项目、科技服务平台项目、"高精尖"产业项目，促进科技成果转化、新技术示范应用和领军企业创新发展。加快建立和完善分园创新发展考核评价体系，加强对各分园创新发展的考核评价和产业定位引导。

四、推动政府创新治理现代化

习近平总书记指出，要坚持党对科技事业的领导，健全党对科技工作的领导体制，发挥党的领导政治优势，深化对创新发展规律、科技管理规律、人才成长规律的认识，抓重大、抓尖端、抓基础，为我国科技事业发展提供坚强政治保证。北京市认真学习贯彻习近平总书记指示精神，在科技领域加速推进政府创新治理现代化展开了积极探索，加快实现从研发管理向创新服务转变。培育建设世界一流的新型研发机构，赋予研发机构人员聘用、经费使用、运营管理等方面充分的自由权；鼓励通过政府和社会资本合作（PPP）、基金、接受社会捐赠等方式，拓宽经费投入渠道，形成市场导向的产学研机制；研究建立科技创新中心建设评价监测指标体系，加快构建具有首都特色的创新调查制度；推动促进科技成果转化等地方立法进程，构建适应创新驱动发展需求的法治保障体系等。

专栏4-14：北京市推出深化改革扩大开放117项举措

2018年7月，北京市委、市政府印发《北京市关于全面深化改革、扩大对外开放重要举措的行动计划》，包括构建推动减量发展的体制机制、完善京津冀协同发展体制机制、深化科技文化体制改革、以更大力度扩大对外开放、改革优化营商环境等9大方面117项具体举措，通过进一步深化改革、扩大开放，依靠改革开放为首都发展提供强劲动力、激发创新活力，在更深层次改革、更高水平开放上推动首都实现新发展。

其中，在深化科技体制改革方面的措施主要有：深化部市会商、院市合作等央地协同创新机制；完善"三城一区"规划建设管理体制机制；加大中关村国家自主创新示范区先行先试改革力度；支持建设世界一流新型研发机构；完善高校"高精尖"创新中心建设机制和配套政策；完善市属国有企业创新考核机制；完善资金投入、人才培养、知识产权、空间用地等配套政策，培育和发展一批创新型产业集群；制定北京市促进科技成果转化条例，构建科技创新基金运行机制，促进科技成果在京落地转化；建立健全鼓励跨国公司研发中心发展体制机制；创新国际科技合作机制，推进国际高端科技资源与北京创新主体合作；加大海外人才引进使用力度；深化财政科研项目和经费管理改革；加大人才激励力度，扩大人才奖励范围，修订完善科学技术奖励制度；改进人才评价方式等。

（一）围绕科研经费改革，让科研经费"花好"，也要"好花"

过去，科研经费不好花、难花，科研工作常要围着钱转，而不是围绕科研转，是科研人员反映比较突出的问题。2016年9月，北京市委、市政府发布《关于进一步完善科研项目和经费管理的若干政策措施》（京办发〔2016〕36号），聚焦科研人员最关注、社会反响最热烈的科研项目和经费管理改革，提出了5个方面28条改革举措（以下简称"28条"改革举措）：取消财政预算评审程序，简化预算编制，实施预算评审与立项论证"合二为一"；科研类会议费、差旅费、国际合作交流费不纳入"三公"等统计范围；下放咨询费管理权限等，为科研经费"松绑"。为深化落实"28条"改革举措，市相关部门出台了18个配套文件，各单位结合自身实际制定落实举措540多项。

专栏4-15："28条"改革举措扩大承担单位和科研人员的科研自主权

一是下放预算调剂权限。在科研项目总预算不变的情况下，直接费用中的材料费、测试化验加工费、燃料动力费、出版/文献/信息传播/知识产权事务费、其他支出预算如需调整，可由科研项目负责人根据科研活动实际需要自主安排，由承担单位据实核准，验收（结题）时向项目主管部门备案，真正让经费为人的创造性活动服务。

二是下放差旅费、会议费、咨询费管理权限。承担单位可根据科研活动实际需要，按照实事求是、精简高效、厉行节约的原则，研究制定科研类差旅费、会议费、咨询费管理办法。科研类差旅费、会议费不纳入行政经费统计范围，不受零增长限制。在科研经费中列支的国际合作与交流费用不纳入"三公"经费统计范围，不受零增长限制。

三是下放科研仪器设备采购管理权限。承担单位可自行采购科研仪器设备，自行选择科研仪器设备评审专家。承担单位要切实做好设备采购的监督管理，做到全程公开、透明、可追溯。对承担单位采购进口科研仪器设备实行备案制管理。继续落实进口科研教学用品免税政策。

四是扩大科研基本建设项目自主权。在符合首都城市功能定位和城市总体规划的前提下，对承担单位利用自有土地和自有资金、不申请政府投资建设的项目，由承担单位自主决策，报主管部门备案，不再进行审批。简化承担单位科研基本建设项目规划、用地以及环评、能评等审批手续，缩短审批周期。

（二）围绕人才发展，强化激励、激发活力，让科研人员有更多的获得感

围绕科研人员激励政策，北京市早在2009年就率先启动实施了股权激励改革试点工作，北京市已有105项试点方案获得批复，405名科研和管理人员获得股权，激励总额约2.25亿元。2014年9月，市委、市政府印发了《关于进一步创新体制机制加快全国科技创新中心建设的意见》（京发〔2014〕17号），科技成果转化所获收益可按70%及以上的比例，划归科技成果完成人以及对转化做出重要贡献的人员所有，剩余部分留归单位用于科技研发与成果转化工作。"28条"改革举措也加大了对科研人员绩效支出激励力度，间接费用核定比例为不超过直接费用扣除设备购置费的20%，同时取消了间接费用中绩效支出比例限制。承担单位中的国有企事业单位从科研经费中列支的编制内有工资性收入科研人员的绩效支出，一次性计入当年本单位工资总额，但不受当年本单位工资总额限制、不纳

入本单位工资总额基数。北京市深入推进以增加知识价值为导向的分配政策，使科研人员收入与岗位职责、工作业绩、实际贡献紧密联系，在全社会形成了知识创造价值、价值创造者得到合理回报的良性循环。

（三）围绕科技资源利用，唤醒"沉睡"的科技资源，实现开放共享

北京聚集了全国最丰富的科技资源，单位购买、运营和维护这些"冰冷"的设备，往往需要耗费非常大的成本，而且利用率也非常有限。如何唤醒"沉睡"的科技资源，也是改革中的重要工作。北京市科学技术委员会联合中国科学院、清华大学、北京大学等单位，共同搭建了"首都科技条件平台"，推进了科研仪器设备向社会开放共享。一是通过经营权授权，促进科技资源所有权与经营权分离；二是建立利益分配机制，解决了开放科技资源市场化运营和服务问题；三是改革政府投入方式，探索形成了以财政资金为先导、市场化运营为基础的运行机制。通过以上举措，既提高了科技资源利用效率，又培育了科技服务新型业态。同时，本市还通过实施科技创新券制度，支持、引导小微企业和创业团队使用高校院所的科技

图 4-13　利用全自动血液分装系统进行无创产前 DNA 提取和文库构建

资源开展研发创新活动，不仅提升了科研公共服务效率，更提高了小微企业和创业团队的自主创新能力。

专栏4-16：首都科技条件平台推进科技资源开放共享

2009年，北京市联合部分中央在京高校院所、大型企业及市属单位共同组建了科研设施与仪器开放服务体系——首都科技条件平台，通过"所有权与经营权分离"、引入专业服务机构并约定技术服务收入在资源方、服务人员和专业机构间的分配比例等一系列制度创新，实现了对在京高校院所企业科技资源的有效整合、高效运营和市场化服务，形成了以科技资源促进产学研用协同创新的"北京模式"。首都科技条件平台成为北京市落实《国务院关于国家重大科研基础设施和大型科研仪器向社会开放的意见》（国发〔2014〕70号）、推进实施《关于加强首都科技条件平台建设进一步促进重大科研基础设施和大型科研仪器向社会开放的实施意见》（京政办发〔2016〕34号）的重要工作载体。

截至2017年年底，首都科技条件平台共促进北京地区882个国家级、北京市级重点实验室、工程技术研究中心等，价值272亿元，4.65万台（套）仪器设备向社会开放共享，整合了803项较为成熟的科研成果促进其转移转化，聚集了13084位专家。同时为使科技资源更贴近市场需求，跨单位、跨部门、跨行业梳理整合出了38个细分产业的107个功能服务平台。每年为企业提供测试检测、联合研发等服务的合同额超过20亿元。

专栏4-17：首都科技创新券扶持小微企业创新

创新券政策是以小微企业创新需求为基础的一项政府创新投入政策，是政府采购和财政扶持小微企业创新的有机结合。创新券主要用于鼓励本市小微企业和创业团队充分利用国家级、北京市级重点实验室、工程技术研究中心，北京市设计创新中心以及经认定的公共服务机构的资源开展研发活动和科技创新，由政府发放。小微企业及创业团队向实验室购买科研活动时使用，收取创新券的单位持创新券到指定部门兑现。

2014年以来，市财政局与市科委联合出台并实施首都科技创新券政策。首都科技创新券的实施，对于进一步推动科技资源开放共享、提升科研公共服务效率、精准快速响应小微企业的科研需求具有重要的促进作用。小微企业和创业团队获得的创新券除了具有可以兑现的"代金"功能，还让持券者拿到了敲开高端科技资源大门的"进门条"，实现了小微企业和高校院所实验室高端科技资源的有效对接。2014年至2017年，1.4亿元的首都科技创新券资金共支持了2115家小微企业和111家创业团队，合作项目共2402个。

（四）切实转变政府职能，强化创新创业服务

全面推进政务公开。深入推进行政审批制度改革，清理和规范非行政许可审批及中介服务事项。落实权责清单制度，编制并公布权力清单，建立权力清单动态调整机制。根据责任清单进一步细化各项行政权力运行各环节对应的责任事项，编制工作流程图，并予以公布。加强科研项目信息公开，除涉密及法律法规另有规定外，及时按规定向社会公开科研项目的立项信息、验收结果和经费安排情况等，接受社会监督。在科学技术奖励评审、自然科学基金等项目评审中，建立了涵盖申报、资格审查、评审到立项各环节以及后期数据分析处理的评审系统，通过现代化信息手段加强评审管理，确保各环节可监督、可追溯。评审专家采取第三方计算机随机遴选，"用机选替代人选"，让评审权力在阳光下运行。

提高政务服务水平。着力推动体制机制改革，积极运用大数据、智能化等新技术手段，加快推动政府管理和服务创新，努力提高管理效能和服务质量。按照全市统一部署，国家高新技术企业认定等科技领域行政审批服务事项进驻市政务服务中心，实行一个窗口受理，集中审批，全程服务。推行"互联网+政务服务"，建设自然科学基金申报、重点实验室及工程技术中心认定等服务事项的网上申报服务平台。针对北京市技术合同成交额大、份额多的特点，在北京全市重点区域内设立40余个合同认定登记点，"一点登记、全市有效"，便利了创新主体，降低了登记成本。"北京科技政策法规宣讲团"推动科技政策"进企业、进园区、进高校、进院所"，更好地为创新主体提供及时、快捷的政策服务。

优化创新的学术环境。创新是由观念和科技进步共同推动的。良好的学术环境对政府科学决策、各创新主体明确创新机制、构建创新模式、形成创新文化具有重要意义。应营造宽松的学术环境，完善学术评价体制机制。深入贯彻落实《国务院办公厅关于优化学术环境的指导意见》，优化科研管理环境，落实扩大科研机构自主权；优化宏观政策环境，减少对科研创新和学术活动的直接干预；优化学术民主环境，营造浓厚学术氛围；

优化学术诚信环境，树立良好学风；优化人才成长环境，促进优秀科研人才脱颖而出。加强政府部门间的引导促进，把优秀学术环境作为深化科技体制改革的重要方面，建设一批高端智库，强化顶层设计和宏观指导，不断完善促进学术繁荣发展的法律法规和政策体系。

专栏4-18：中关村创业大街率先推出"码上办"实现创业服务马上办[①]

> 2018年2月，海淀区在服务企业"上门问"的基础上，在中关村创业大街创业会客厅率先推出了"码上办"线上平台，创业者只需扫描二维码，就能获取企业开办、财税筹划、知识产权、金融服务、认证服务等9大类服务。通过"码上办"可以实现3个"少跑路"。
>
> 政策咨询交流少跑路。将创业者在创业过程中遇到的行政业务办理流程、政策解读等问题，以图文的形式详细呈现，通过扫码即可在手机移动端查阅。
>
> 社会化服务产品购买少跑路。将各种社会化创业服务内容细化打包做成服务产品，每个服务产品如同网上的商品，创业者可按需购买，为企业找寻外包服务提供便利。
>
> 创业业务办理少跑路。通过便捷高效的方式实现从咨询到办理完成的全流程服务，满足创业者线上咨询、预约、办理（部分服务线下办理）。

[①] 资料来源：http://www.zgc.gov.cn/zgc/yw/yqfc5/yqdy3/164971/index.html。

第四节　打造创新人才首选地

　　"功以才成，业有才广"，"人才是创新的根基，创新驱动实质上是人才驱动，谁拥有一流的创新人才，谁就拥有了科技创新的优势和主导权"[1]，习近平总书记的重要论断，深刻揭示了人才与创新的关系，指明了创新驱动发展战略的突破口和着力点。科技创新活动作为一种人才高度智能性活动，是脑力驱动或知识密集型活动，其发生与发展高度依赖知识和技能的积累、转移及充分运用[2]。人才是第一驱动力，北京科技创新中心建设需要一流的人才。

　　党的十八大以来，北京市人才发展制度体系日趋完善，首都人才环境不断优化，人才的引领支撑作用日渐凸显。但与科技创新中心建设的人才需求相比，北京还需要奋起直追，重点集聚全球顶尖人才、大力培养创新人才、以人为本用好人才。

一、集聚全球顶尖人才

　　一个国家或地区的综合环境是吸引和集聚人才的重要因素。北京作为国际化大都市，贯彻落实国家"千人计划""万人计划"等人才引进项目，

---

① 参见习近平：在中央财经领导小组第七次会议上的讲话，2014 年 8 月 18 日。

② ［美］大卫·努德福什：《什么是创新》，美国电子期刊，2009 年 11 月。

大力实施具有首都特色的"海聚工程""高聚工程"等，陆续推出了深化中关村人才管理改革若干措施、支持北京创新发展20条出入境政策、引进全球顶尖科学家及其创新团队的实施意见、中关村国际人才新政20条，以及《关于优化人才服务促进科技创新推动高精尖产业发展的若干措施》等一系列人才重大改革举措，对提升北京的人才竞争力产生了积极影响。

专栏4-19：美国逾1/3的技术创新从业者都是移民[①]

据法新社2016年2月24日报道，美国信息技术创新基金会日前公布的调查显示，美国超过1/3的技术创新者都是移民。

美国信息技术创新基金会调查发现，美国的技术创新者中有35.5%是在国外出生的，另有10%的技术创新者在美国出生，但双亲至少一方来自其他国家。

研究员亚当斯表示，人们可能认为技术创新是由辍学的天才创业者推动的，比如比尔·盖茨和扎克伯格。事实上，在美国的大型公司中，工作多年的高学历移民才是科技创新的主力。研究发现，在美国本土出生的创新者中有8%是亚裔、非裔、西班牙裔、印第安人和其他种族的人，这些人群占美国人口的32%。

专栏4-20：探索生命价值的人——北京生命科学研究所所长王晓东

王晓东博士，研究员，1963年出生于中国武汉，1984年毕业于北京师范大学，1991年获美国得克萨斯州西南医学中心生物化学博士。41岁入选美国科学院院士，成为新中国培养出来的第一位获此殊荣的科学家，现任北京生命科学研究所所长。

自1995年以来，王晓东博士主要致力于人体细胞凋亡的研究，凋亡是细胞的一种特殊生理功能，对人体正常发育和清除损伤细胞起着至关重要的作用。凋亡的缺陷是肿瘤发生的关键步骤。在过去的十几年中，王晓东博士领导的实验室发现了细胞凋亡的生化通路与其作用机理。根据这些研究成果，王晓东博士还研发出了针对肿瘤细胞凋亡的新型实验性肿瘤治疗药物。由于在这一领域的深入研究，王晓东在《科学》《自然》《细胞》等国际顶尖学术期刊上发表了一系列国际一流的研究成果。王晓东逐渐成为该领域的权威专家，被越来越多的学界人士所熟知，也

---

① 参见环球网：《研究称美国逾1/3的技术创新者都是移民》，2016年2月25日。

逐渐得到了美国科学界的高度认可。

王晓东博士2004年被评为美国科学院院士，2006年获得"邵逸夫生命科学与医学奖"，2010年入选中央"千人计划"和北京"海聚工程"，2013年入选中国科学院外籍院士，2014年入选欧洲分子生物学组织（EMBO）外籍会员，并获得多项国际生物研究奖，2016年6月获得第三届"首都杰出人才奖"，2017年7月获得网易未来科技人物大奖——生命科学领域"先锋科学家"。

专栏4-21：中关村发布20条国际人才新政[1]

2018年年初，北京市会同多个国家部委发布实施《关于深化中关村人才管理改革构建具有国际竞争力的引才用才机制的若干措施》（以下简称《措施》），公布北京便利国际人才出入境、开放国际人才引进使用、支持国际人才兴业发展、加强国际人才服务保障等20条改革新举措，其中多项为全国率先提出。

进得来：外籍配偶及子女可申请永久居留。在便利国际人才出入境方面，《措施》主要解决好"进得来"的问题，涉及外籍人才申请永久居留、便捷出入境以及长期居留许可证。

留得下：外籍科学家能牵头国家科技项目。《措施》中的6条政策在开放国际人才引进使用方面主要解决"留得下"的问题，在外籍人才担任法人、承担科技项目以及提名政府奖项资格方面实现了突破。如提出允许取得永久居留资格的外籍人才在中关村示范区内担任新型科研机构的法定代表人，新型研发机构可直接引进外籍顶尖人才等。

干得好：支持国际人才兴业发展。《措施》提出的4条政策解决了"干得好"的问题。包括主要通过营造更加开放高效的引才用才环境，加强中关村区域国际人才的交流合作。通过市场化的手段从全球引才，推动形成良好的国际人才创新创业氛围等。2018年，中关村将在海外建立10个联络处，更好地吸引全球优秀人才。

融入快：提出多项配套服务政策。《措施》提出的5条政策解决了"融入快"的问题。涉及外籍人才住宿登记、便利体检、保险保障、子女教育和设立一站式服务平台等，如简化外籍人才住宿登记手续，实现网络化登记，节约成本。在保险保障方面，支持相关保险机构开发设立针对外籍人才的保险产品，推出更多符合他们需要的健康保险、医疗保险等产品，很大程度上消除了他们的后顾之忧。

---

[1] 资料来源：《中关村发布20条国际人才新政》，北京日报，http://bjrb.bjd.com.cn/html/2018-02/28/content_225666.htm。

下一步，北京将围绕以下方面加强人才引进工作：一是进一步优化引入环境。加快建设中关村人才管理改革试验区，开展外籍人才出入境管理改革试点，对符合条件的外籍人才简化永久居留、签证等办理流程，突破外籍人才永久居留和创新人才聘用、流动、评价激励等体制和政策瓶颈，让北京真正成为人才高地和创新高地。同时，深入落实北京市《关于引进全球顶尖科学家及其创新团队的实施意见》《关于海外院士专家工作站的实施意见》等，突出用人主体自主实施引才机制。在朝阳望京、中关村大街、未来科学城等地区试点建设国际人才社区，建设国际人才港，开展外籍人才担任新型研发机构法人代表试点，开辟引人和用人新路径。二是充分建设好各类创新平台。支持建设一批与国际接轨的新型研发机构等创新平台，重点瞄准诺贝尔奖级科学家、全球战略性科技创新领军人才，加快引进并支持领衔开展科学研究和人才培养，辐射带动一批高层次人才来京创新创业。持续实施"北京高等学校高精尖创新中心建设计划"，依托未来芯片技术、未来网络科技、大数据科学与脑机智能等"高精尖创新中心"，集聚一批高端领军人才。深化"院市合作"工作机制，对接中国科学院"率先行动"计划，依托大科学装置及交叉平台，建设世界一流科研机构，系统提升人才培养、学科建设、科技研发三位一体的创新水平。

专栏4-22：新型研发机构政策实现5个创新

2018年1月，北京市政府出台《北京市支持建设世界一流新型研发机构实施办法（试行）》，突出与世界接轨的体制机制创新，在政府放权、财政资金支持与使用、绩效评价、知识产权和固定资产管理等5个方面实现重大突破。

一是突出"新的体制"，新型研发机构须建立与国际接轨的治理结构和运行机制，实行理事会领导下的院（所）长负责制。

二是突出"新的财政支持政策"，创新财政科技经费支持方式，根据机构类型和实际需求对新型研发机构给予资金支持。对从事基础前沿研究的新型研发机构给予稳定支持，支持周期届满后，根据绩效评价结果和实际情况，决定是否继续给予支持。探索对财政支持资金实行负面清单管理；赋予新型研发机构人员聘用、经费使用、运营管理等方面的自主权。

三是突出"新的评价机制"，由评估委员会根据合同约定，对新型研发机构组织开展绩效评价，围绕科研投入、创新产出质量、成果转化、原创价值、实际贡献、人才集聚和培养等方面进行评估分析；基础前沿研究类突出同行评价，注重引入国际小同行；行业共性关键技术研发类注重引入产业和投资专家评价。同时，由理事会下设的审计委员会对资金使用情况实施审计，审计结果作为绩效评价的重要参考。

　　四是突出"新的知识产权激励"，市财政资金支持产生的科技成果及其形成的知识产权，除涉及国家安全、国家利益和重大社会公共利益外，由新型研发机构依法取得；支持新型研发机构积极推广应用科技成果，对符合首都城市战略定位的科技成果在京实施转化的，通过北京市科技创新基金等提供支持。

　　五是突出"新的固定资产管理"，市财政资金支持形成的大型科研仪器设备等资产，由新型研发机构管理和使用，按照国家和本市有关规定开放共享，提高资源利用效率。

图 4-14　盖茨基金会首席执行官苏珊·德斯蒙德－赫尔曼（Sue Desmond-Hellmann）
博士（右三）与盖茨基金会全球健康部总裁特雷弗·蒙代尔（Trevor Mundel）
博士（左三）参访全球健康药物研发中心新址

专栏4-23：全球健康药物研发中心

　　全球健康药物研发中心成立于2017年3月，由北京市政府、比尔及梅琳达·盖茨基金会以及清华大学联合发起成立，作为民办非企业法人科技研发机构，在本市科技领域首次探索采用了PPP方式运作。该中心针对影响发展中国家贫困人口的重大疾病研发新药，加快生物医药基础研究向临床药物的有效转化，有助于提升本市健康药物产业链，推动北京医药产业开放创新发展。

　　在科技领域以PPP模式合作支持顶尖研发机构，将突破财政资金难以支持非财政预算部门建设运维的瓶颈。对于财政资金支持民非组织、社会团体等机构运行发展，探索了新的路径。通过PPP模式，整合政府资源和社会资源，有助于发挥社会主体的专业性，并与市场需求实现有效对接融合，加快创新成果转移转化，使政府资源效能发挥到最大。

　　一年来，全球健康药物研发中心通过全球招聘，吸引了一批极具竞争力的顶尖新药研发人才落地北京，已形成了一支40余人的高水平、国际化的研发和运营团队。建立了业界领先的药物化学、先导化合物发现/高通量筛选平台，以及人工智能药物设计平台、结构生物学平台。针对结核病、疟疾、隐孢子虫病以及盘尾丝虫和淋巴丝虫病等重点疾病开展了10余个项目的研究，取得了突破性进展，在新药研发各个阶段形成了丰富的产品梯队。

二、大力培养创新人才

　　人才培养是人才战略的重要组成部分，世界上很多国家或城市都把人才培养作为科技创新的重要内容。例如，丹麦开展了由企业、大学和工业博士研究生共同完成的工业博士项目，探索培养了一批具有研究能力、管理能力、竞争能力的创新者。赫尔辛基聚集了芬兰近一半的研发人员，拥有世界级著名学府——赫尔辛基大学，历史上孕育了6位诺贝尔奖得主，并在各个时期输送了大量国家管理和建设人才。伦敦政府制订了"职业生涯发展贷款"等许多辅助人才培养的计划，除此以外还提供各类资助项目推动创新人才培养，比如，"潜力奖励计划""创新最高奖"等。

　　目前，北京已经形成相对完善、相互衔接的人才培养体系。比如，面向青年科技骨干的"科技新星计划""青年科学基金项目"，面向新兴学科和产业发展的"首都科技领军人才培养工程"，面向高层次人才的"北京学者"、中关村"高聚工程"等。

专栏4-24：一闪一闪亮晶晶——北京市科技新星计划

北京市科技新星计划（以下简称"新星计划"）是由市财政经费支持、北京市科委组织实施的科技人才培养计划，始于1993年，旨在选拔35岁以下的优秀青年科技人员，以项目为依托开展科技创新，促进其科研水平和管理能力提升，培养造就一批政治素质高、创新能力强、富于创新精神的青年科技骨干，被誉为资助青年科技人才的"第一桶金"。截至2017年年底，已经累计培养了2275名科技新星，取得了一系列重大创新成果，在涵养和活跃创新资源、培养创新人才、促进学科发展、营造创新氛围等方面做出了积极贡献。

"当年新星计划给予我在学术特别是科学思想的引导让我获益终身。"如今，已是国内外神经病学领域著名学者，第一批"首都科技领军人才培养工程"入选者的王拥军，在教育学生时，仍然十分注重培养学生们形成开放、合作、集思广益的学术品格，他说，这是"新星计划"对他的馈赠。

1994年入选北京市科委第二批"新星计划"，是王拥军人生最重要的转折点之一。"我认为新星计划的培养模式设计非常有利于人才品质的塑造。"谈起当年参加新星计划的经历时，王拥军称"获益终身"。"新星计划的管理模式非常人性化。入选的新星们，即获得一笔资助经费，却没有任何要求你完成课题的压力。你可以自主选择自己的发展计划，这种信任激励我不仅要发奋学习，还要学会如何设计自己的成长之路。而且北京市科委还经常组织我们这些新星交流座谈，我们来自不同的专业领域，知识的交流让我视野更加开阔。我向同期的新星们学习了材料学、信息学的基础知识，这些对于我此后的研究工作，具有十分重要的启蒙意义。"王拥军坦言，这样的资助方式"更加科学、合理"。从此，"开放、协同、合作"的科研理念开始在王拥军的脑海里植根。2001年回国后，才华横溢的王拥军，像一辆具有超强动力的车头，开始在国内脑血管病学领域领跑：先后建立了国内第一个标准化卒中单元；编写了国内第一部《卒中临床指南》。"十一五"期间，主持了国家科技支撑计划"缺血性卒中急性期病因诊断、临床分型及规范治疗"，其科技成果为全面改善我国因急性缺血性卒中致死、致残率居高不下的现状提供了有效的解决路径，为众多脑中风患者带来了福音。

下一步，北京将围绕重大创新战略和经济社会发展需求，以重大任务为抓手引进和培养创新人才。一是细化人才分类研究与规划：围绕人工智能、大数据以及科技服务领域的知识产权、科技金融、项目管理等重点方向，从结构、数量和层次等方面开展系统分析和战略规划，促进科学研究、工程技术、科技管理、创新创业、金融服务等各方面人才协调发展；

二是深入实施"新星计划""卓越青年科学家计划""首都科技领军人才培养工程""北京学者""全球顶尖科学家及其创新团队引进计划"等各类人才计划，积极建立海外人才精准对接机制。同时，以建设"双一流"为契机，支持中央高校和北京市属高校探索相互融合、相互支撑、协同发展的人才培养新机制，全面提升北京市属高校人才培养和科学研究水平。

专栏4-25：从"乔布斯法则"看人才的重要性

乔布斯，出生于美国加利福尼亚州旧金山，是一位发明家、企业家，也是美国苹果公司联合创办人、前行政总裁。1976年，乔布斯和朋友成立苹果电脑公司，他经历了苹果公司数十年的起落复兴，先后领导和推出了麦金塔计算机、iMac、iPod、iPhone等风靡全球的电子产品，深刻地改变了现代通讯、娱乐乃至生活方式。这位个人电脑领域的梦想家引领并改变了整个计算机硬件和软件产业。他不因循守旧，没有像世界上千千万万个创业者一样重复着前辈们的道路，而是跳出固定思维，给这个世界带来了伟大的创造和颠覆。

除了创造性的思维，乔布斯认为自己的成功得益于发现了许多才华横溢、不甘平庸的人才。乔布斯说，他花了半辈子时间才充分意识到人才的价值，"我过去常常认为一位出色的人才能顶两名平庸的员工，现在我认为能顶50名。"这就是"乔布斯法则"。由于苹果公司需要有创意的人才，乔布斯把他大约1/4的时间用于招募人才。苹果公司之所以成为全球价值最高的企业之一，是乔布斯和许多才华横溢、不甘平庸的人才共同努力的结果。

三、以人为本用好人才

只有用好人才，才能最大限度地发挥人才作用。为使人才活用，激励和服务保障机制必不可少。北京市积极探索实践以增加知识价值为导向的分配政策，出台科研项目和经费改革"28条"改革举措，开通教授级高级工程师和研究员系列职称评审"直通车"等，力争做到人尽其才、才尽其用。2016年6月，北京市出台《关于深化首都人才发展体制机制改革的实施意见》，向用人主体"放权"，为人才"松绑"，一个更加灵活、更加开放、更加有效、更具首都特点的人才发展体系正在逐步形成。

专栏4-26：北京市出台职称制度重大改革举措①

　　2018年2月，中共北京市委办公厅、北京市人民政府办公厅印发《关于深化职称制度改革的实施意见》。此次改革是自1986年职称改革以来，30多年来本市再次启动的职称领域重大改革，涉及全市300多万专业技术人员。

　　一、"干什么评什么"，不同人才不同评价标准

　　为避免职称评审时"一把尺子量到底"，本次职称制度改革系统地将职称评价标准归结为品德、能力和业绩3个方面，科学分类、评价专业技术人才的能力素质，对不同领域、不同行业、不同层次的专业技术人才，制订不同的评价标准和业绩权重，实现"干什么评什么"，激发各类人才的创新动力和积极性，使"三百六十行，行行出状元"。例如，对从事科技管理服务的人才，重点评价技术支持能力、服务对象满意度、行业评价认可度。

　　二、人才可自选代表性成果替代论文

　　在职称评审过程中，将全面推行职称评审代表作制度，人才可自选最能体现能力水平的代表性成果，作为评审考核的主要内容。除论文、论著外，基础研究、技术开发和应用推广人才的代表作还可包括专利、项目报告、研究报告、技术报告、工程方案、设计文件、业绩报告、工作总结等。哲学社会科学人才的代表作还可包括理论文章、决策咨询研究报告等。教育教学、卫生技术人才的代表作还可包括精品课程、教学课例、疑难病案等。文化艺术人才的代表作还可包括文学作品、影视作品、戏剧作品、工艺作品等。

　　三、扩大下放职称评审权的单位范围

　　进一步扩大了职称自主评审范围，除市属高校外，继续向条件成熟的科研机构、新型智库、新型研发机构，如北京市科学技术研究院、北京市社会科学研究院、北京市教育科学研究院、北京生命科学研究所等，下放职称评价自主权。

　　另外，本市还将补齐全部职称系列的层级设置，在经济、会计（审计）、统计、中专教师、工艺美术、实验技术等系列中增设正高级，持续满足"高精尖"产业、文化创意产业、现代服务业和重点优势学科等领域的人才评价需求。

　　下一步，北京将深入落实国家《关于深化人才发展体制机制改革的意见》和《"十三五"国家科技人才发展规划》，完善人才激励和服务保障

---

① 资料来源：《职称制度30年来重大改革　评职称不再要求发论文》，北京晚报，2018年2月9日。

机制。建立"不拘一格"的人才评价机制：一是深入落实职称制度改革实施意见，全面推行职称评审代表作制度，建立健全符合专业技术人才特点的分类评价标准和评价机制；二是破除科研人员流动限制，落实鼓励科研人员创新创业的实施意见，建立"能进能出"的工作机制，继续鼓励科研人员采取兼职、在职创办企业，在岗创业，到企业挂职，与企业项目合作，离岗创业6种方式创新创业；三是破除人才激励"紧箍咒"，建立"工资总额+"制度，落实"科技成果转化、科研仪器开放服务收益可按不少于70%的比例，科研项目经费绩效支出可按不低于20%的比例用于人员奖励，奖励收入不受工资总额限制"的激励政策。深入开展以增加知识价值为导向的分配政策，依法保障和落实大学、科研机构、国有企业在岗位设置、人员配备、职务评聘、内部收入分配等方面的自主权。

专栏4-27：北京市持续优化人才服务激发创新创造活力

自2016年以来，北京市紧密结合首都城市功能定位，全面贯彻国家创新驱动发展战略，先后出台《关于优化人才服务促进科技创新推动高精尖产业发展的若干措施》等一系列重大改革举措，全面发力，高端引领，进一步激发了各类人才创新创造活力。

一、除帽子：建立"2+5+3"人才评价模式

改变以学历或职称衡量评价和引进人才的传统方式，以人才业绩、能力和贡献为评价重点，建立了"2+5+3"的多元化人才筛选机制。"2"是指以学历学位和职称两种常规衡量方式评价引进人才的传统方式予以保留，"5"是指5种不以学历学位和职称评价人才的创新引进方式，"3"是指放宽引进人才在年龄、落户要求和配偶子女随迁随调等3项条件上的限制。

二、解绳子：加减乘除四则运算

一是在评价范围上做"加法"。增加职称评价的人群范围，打破国籍、户籍、身份、所有制等条块限制，让非公单位人才、外籍人才、港澳台人才、自由职业人才都能评职称；增加职称评价的专业范围，按照"需要什么评什么"的原则增设评价专业。二是在人才负担上做"减法"。减去人才评价"唯论文"的负担，在支撑评价中推广代表作评审模式。三是在人才效应上做"乘法"。放大中关村高端领军人才聚集的乘数效应，深入开展中关村高端领军职称评价"直通车"，业绩突出的人才可不受学历、资历、职称等限制，用业绩陈述代替论文评审，实现正高级职称晋升一步到位。四是在人才流动上做"除法"。破除科研人员流动的"玻

璃门"，出台政策鼓励高校、科研机构的科研人员通过兼职、在职创办企业等"6种"模式开展创新创业；破除科研人员收入分配的"天花板"，出台政策支持事业单位采取灵活多样的收入分配形式聘用海内外高层次人才，支持事业单位开展科技成果转化等。

三、造林子：优化人才发展生态

一是疏"堵点"。加快国内人才落户速度，缩短外籍人才在华永久居留资格和人才签证办理时间。二是解"痛点"。保障"千人计划""海聚工程""万人计划"等国家和本市重大人才工程入选者的子女入学，满足外籍人才子女的入学需求；推出"融智北京"外国人才高端医疗项目；根据实际情况，提供公共租赁住房等。三是补"漏点"。通过搭建技工教育培训支撑平台，培养一批技能人才等。

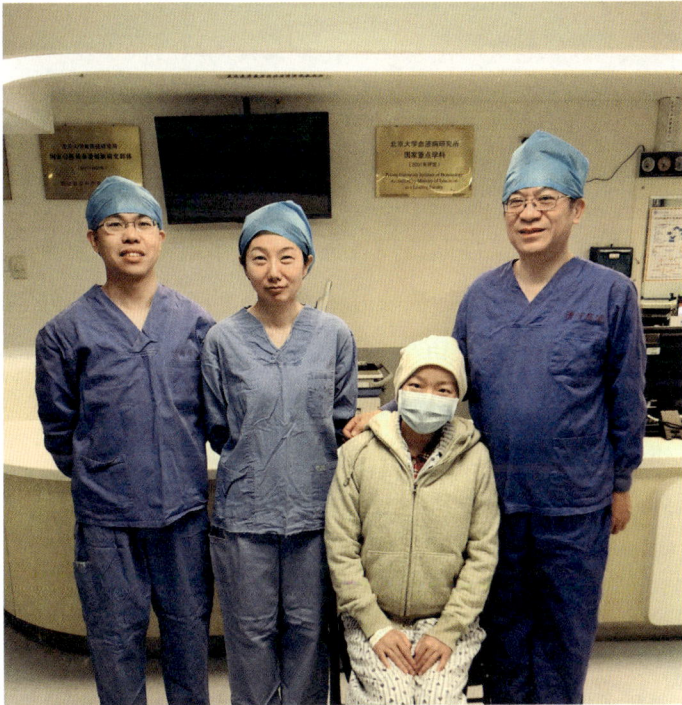

图 4-15　造血干细胞移植治疗血液病使众多患者获得"新生"

第五节　以科技成果转化推动高质量发展

　　科技成果转化作为科技与经济紧密结合的关键环节，是产业结构转型升级和经济发展方式转变的重要途径，备受各国政府高度重视。例如，美国1980年出台的《拜杜法案》实施至今，美国的科研机构和商业机构已经形成了良好的产业协同。我国2015年修订的《中华人民共和国促进科技成果转化法》，在释放活力、下放科技成果使用处置和收益管理权，收益分配、强化激励机制，面向市场、强化主体作用，成果分享、加强转化服务等方面做出制度安排，加快唤醒"沉睡"的科技成果。在全面落实国家有关政策的基础上，北京市早在2011年就出台了《关于进一步促进科技成果转化和产业化的指导意见》，积极探索"全链条、全要素、全社会"工作思路和"发现—评价—培育—推进"工作机制，并在股权激励、"三权"改革等方面，为国家促进科技成果转化法的出台积累了经验。随后，又制定实施了关于科技计划体系、科研项目和经费管理、科技成果转移转化、科技人才吸引聚集等一系列改革举措和政策措施，促进创新链与产业链、资金链的对接融通，制约科技成果转移转化的体制障碍和政策瓶颈正在突破，创新主体和科研人员开展科技成果转移转化的积极性正在被激发出来。

专栏4-28：国家推进科技成果转移转化"三部曲"

修订《中华人民共和国促进科技成果转化法》、出台《实施〈中华人民共和国促进科技成果转化法〉若干规定》、发布《促进科技成果转移转化行动方案》，是国家的整体考虑和系统性部署，进而形成了从修订法律条款、制定配套细则到部署具体任务的科技成果转移转化工作"三部曲"，对于实施创新驱动发展战略、强化供给侧结构性改革、推动大众创业万众创新具有重要意义。"三部曲"具体如下：

修订法律。对1996年的《中华人民共和国促进科技成果转化法》进行修订，以适应中国经济发展的新阶段和科技工作的新要求、新任务。《中华人民共和国促进科技成果转化法》（2015年修订）已于2015年10月1日起施行。

制定细则。2016年2月26日，国务院印发《实施〈中华人民共和国促进科技成果转化法〉若干规定》（国发〔2016〕16号）。该规定的出台是为确保法律落到实处，打通科技与经济结合的通道。其最大看点是对法律做了进一步的细化和补充，提出了更为明确的操作措施，更接地气。

部署任务。2016年4月21日，国务院办公厅印发了《促进科技成果转移转化行动方案》（国办发〔2016〕28号）。在"三部曲"里，该方案旨在打通政策落实的"最后一公里"。围绕补齐科技成果转化的短板，从供给、需求和服务端同时发力，全面建立起服务支撑成果转化的体系。

北京聚集了大学、科研机构、科技型企业、科技创新基地、科技人才等创新主体和科技资源，每年产生大量科技成果，转化主体众多，转化方式多样，转化途径多元，转化效益显现。

"十二五"时期，在京单位主持完成的获得国家科学技术奖励的奖项近400项，占全国获奖总数的31%左右。全国"领跑"世界的技术成果中，在北京产生的技术成果占55.7%。北京技术合同成交额占全国总量的比重年均超过37.2%。转化方式主要包括自行转化、合作转化、许可使用、成果转让、作价投资、技术合同等。从实践来看，"十三五"以来大学、科研机构和企业之间普遍采用签订技术合同、依托科技孵化服务机构、共建应用技术类研究机构、共建技术转移机构、共建新型研发机构、成立科技成果产业化实体等方式实现转移转化。

科技成果在京转化落地也存在一些问题，主要表现在以下几个方面：一是区域分布不均衡，成果承接存在"苦乐不均"的现象；二是科技成果

图 4-16　科技成果转化统筹协调与服务平台签约仪式

质量不高，中试熟化存在"缺失缺位"的现象；三是大学、科研机构技术合同成交额和所占比重偏低，技术服务存在"本地弱化"的现象；四是许可使用和作价入股所占比重偏低，技术收益存在"高端不足"的现象；五是大学、科研机构科技成果本地转化潜力尚未充分发挥，投入产出存在"匹配不高"的现象。科技成果转化落地，也同时受到以下6个方面因素的制约：一是成果转化工作衔接机制"不顺畅"；二是科技成果转化前期环节"缺资金"；三是科技成果产业化"缺配套"；四是大学、科研机构的评价考核机制"轻转化"；五是企业对大学、科研机构科技成果"接不上"；六是科技成果转化服务"给力不够"。

一、建设科技成果转化统筹协调与服务平台

北京市将整合已有的科技成果转化机构、团队、资金力量，由市科学技术委员会牵头，搭建科技成果转化统筹协调与服务平台，按照"抓两头，打通道，汇聚四方力量"的思路，一头抓高校院所成果转化薄弱环

节，一头抓各区落地承接保障供给，畅通科技成果转移转化通道，充分调动市级部门、各高校院所、各区、各类市场主体等四方力量，协同促进科技成果在京转化。

通过完善与在京大学、科研机构科技成果转化对接机制，在技术研发过程早期介入，在知识产权形成过程中进入，以股权形式支持，筛选有价值的知识产权进行孵化培育，提供资本、政策服务支持，对符合首都"高精尖"定位要求的，推动在本地转化，对不能在本地转化的，可以以技术许可、技术服务、作价投资等方式（尤其要突出技术许可），将科技成果的价值溢出收益留在北京，提升科技支撑服务北京经济社会发展的能力。

研究探索科技成果混合所有制改革、科技成果分割确权试点，更好地激发科研人员开展科技成果转化的内在动力。根据不同种类、不同阶段科技成果的性质和特点，制定具有针对性的落地保障措施，促成科技成果批量落地转化。例如，对大学、科研机构中的优秀人才团队，在实验室阶段的成果就应及早关注，及时协调资源，提供工程中试和技术孵化服务，引导其在京落地转化。

加强与中央在京大学、科研机构的合作，促进其科研成果优先在京落地。例如，可采取"人才成果+空间土地+资金+政策"的合作模式，由大学、科研机构出人才和成果，各区出空间土地、建设资金和配套政策，共建应用技术类研究机构和成果转移转化平台。

二、发挥科技创新基金引导作用

北京市科技创新基金作为市政府主导的股权投资母基金，围绕全国科技创新中心建设总体布局和"高精尖"经济结构部署，专注于科技创新领域投资，与天使投资、创业投资等社会资本形成合力，充分发挥市场在成果转化资源配置中的决定性作用，加快发展新经济、培育新动能。

北京市将拓宽科技成果转移转化资金市场化供给渠道。支持初创期科技企业和科技成果转化项目，建立健全天使投资和创业投资进入科技成果转化前期环节的风险补偿机制；利用众筹等互联网金融平台，为小微企业转移转化科技成果拓展融资渠道；支持符合条件的创新创业企业通过发行债券、资产证券化等方式进行融资；支持符合条件的银行业金融机构在依法合规、风险可控的前提下，与创业投资、股权投资机构实现投贷联动；鼓励符合条件的银行业金融机构在中关村国家自主创新示范区探索为科技创新创业企业提供股权债权相结合的融资服务方式，支持科技成果转移转化；健全国有企业技术创新和成果转化的经营业绩考核制度，引导国有资本进入科技创新领域。

专栏4-29：北京市科技创新基金

为加强全国科技创新中心建设，2017年，北京市设立科技创新基金（以下简称"科创基金"）。科创基金出资总规模200亿元，其中市政府投资引导基金出资120亿元，北京国有资本经营管理中心、中关村发展集团股份有限公司、北京首都科技发展集团有限公司、北京亦庄国际投资发展有限公司4家市属国有企业各出资20亿元。拟通过对母基金和子基金层面的放大，实现基金总规模达到1000亿元。

科创基金作为政府主导的股权投资母基金，将着力实现"三个引导"：一是引导投向高端"硬技术"创新；二是引导投向前端原始创新；三是引导适合首都定位的高端科研成果落地北京孵化，培育"高精尖"产业。

科创基金投资分原始创新、成果转化、"高精尖"产业3个投资阶段，母基金投资比例按照5：3：2设置，重点投资人工智能、光电科技、新一代信息技术、战略性新材料、新能源、生物医药、脑认知与类脑智能、量子计算与量子通信、大数据、智能制造等领域。

其中，在原始创新阶段，重点投资大学、科研机构和人才团队拥有的高端硬技术原始创新、前端应用研究，引导具有市场预期、符合首都战略定位的重大科技成果在京落地孵化。在成果转化阶段，重点引导国内外优秀的天使投资机构、创业投资机构，以社会资本为主体，投入前沿科技和重大原创科技成果转化，支持创新创业、孵化培育和企业快速发展。在"高精尖"产业阶段，重点和龙头企业合作，引导社会资本，聚焦新兴领域、高端环节，推动"高精尖"产业领域企业通过技术改造和重组实现优化调整和做优做强，鼓励行业重点企业对接资本市场，通过兼并收购加快整合科技创新资源，加快构建"高精尖"经济结构。

三、强化企业技术创新主体地位

企业是技术创新的主体，是推动创新创造的生力军。正如恩格斯所说："社会一旦有技术上的需要，则这种需要就会比十所大学更能把科学推向前进。"要加快创新成果转化应用，彻底打通关卡，破解实现技术突破、产品制造、市场模式、产业发展"一条龙"转化的瓶颈[①]。

只有充分发挥企业的主体作用，才能真正解决科技成果向现实生产力有效转化的问题。要推动企业成为技术创新决策、研发投入、科研组织和成果转化的主体，培育一批核心技术能力突出、集成创新能力强的创新型领军企业。要发挥市场对技术研发方向、路线选择、要素价格、各类创新要素配置的导向作用，让市场真正在创新资源配置中起决定性作用。要完善政策支持、要素投入、激励保障、服务监管等长效机制，带动新技术、新产品、新业态蓬勃发展。要释放创新主体科技成果转移转化活力，推动企业加强科技成果转化应用；支持企业与大学、科研机构等单位联合设立研发机构或技术转移机构，共同开展研究开发、成果应用与推广、标准研究与制定等工作；运用"互联网+"，探索开展企业技术难题竞标等"研发众包"模式，引导科技人员、大学、科研机构承接企业的项目委托和难题招标；完善技术成果向企业转移扩散机制，支持企业引进国内外先进适用技术，开展技术革新与改造升级；引导创新需求向企业聚集，完善新技术新产品（服务）采购、"首购首用"风险补偿等支持政策，加大对创新产品和服务的采购力度；探索建立市属国有企业创新考核机制，将科技研发费用、技改资金投入以及人才培养经费视同企业净利润，鼓励企业加大创新投入；大力支持民营企业发展，为民营企业打造公平竞争环境，创造充足市场空间。加强知识产权保护，充分保障企业在科技成果转移转化中的合

---

① 参见习近平：在中国科学院第十九次院士大会、中国工程院第十四次院士大会上的讲话，2018 年 5 月 28 日。

法权益，有效解决企业技术创新和科技成果转化的动力问题。

四、加快构建"高精尖"经济结构

深入贯彻落实习近平总书记视察北京时关于"北京要发展，而且要发展好"和"腾笼换鸟，构建'高精尖'的经济结构"的重要指示精神，在有序疏解非首都功能的同时，以建设具有全球影响力的科技创新中心为引领，加快培育科技、信息等现代服务业，发展节能环保、集成电路、新能源等新兴产业和高技术产业，2017年12月20日，北京市委、市政府印发了关于加快科技创新构建新一代信息技术、集成电路、人工智能等10个"高精尖"产业政策文件，从总体要求、重要任务、产业布局、保障措施等方面，在顶层设计上对加快科技创新，构建"高精尖"经济结构提出了指导意见，回答了北京未来重点发展什么产业、重点发展什么技术，以及怎么发展的问题，为全市产业的新发展提供了"路线图"，为企业的新发展亮出"信号灯"。与此同时，北京市还积极出台了支持"高精尖"产业发展的人才、土地、财政等"一揽子"配套政策，形成了全市上下推动"高精尖"产业发展的良好氛围。

图 4-17　工作人员演示脑电波中文打字

2017年，北京市科技服务业实现增加值2859.2亿元，增长10.7%，高于地区生产总值增速4个百分点，跃升为服务业第二大行业。软件和信息服务业总收入达到8752亿元，增加值占全市地区生产总值比重达11.3%，已成为战略性支柱产业。新能源汽车产业已形成集群效应，累计推广纯电动汽车17.1万辆，规模居全国首位。人工智能产业成为全国发展高地，拥有全国过半数研究机构，企业数量居全国首位，5家入选全球人工智能创新100强。生物医药产业成为新的千亿元产业，十亿元以上大品种13个。集成电路产业已形成设计、制造、装备良好发展态势，培育中芯北方、北方华创、集创北方等一批领军企业。金融、信息、科技服务业对经济增长的贡献率超过5成。新经济增加值占全市地区生产总值的比重近1/3。

下一步，北京将对标国际一流构建"高精尖"经济结构。深入宣贯落实"10+3""高精尖"产业发展系列政策，培育一批具有创新能力的行业领军企业、独角兽企业和隐形冠军企业。设立研发投入强度等产业高质量发展指导标准，完善"高精尖"产业发展用地保障政策。加快《北京市促进科技成果转化条例》立法，为科技成果转化促进高质量发展提供法律保障。建立全市项目落地建设和跨区转移的统筹机制，推动转化项目早介入、引领项目快布局、重大项目强服务。深入实施北京智源（人工智能）、医药健康协同创新、新能源汽车、无人机等行动计划，促进新一代信息技术等战略性新兴产业发展。同时，引导各部门、各区制定导向明确的鼓励政策，支持各区开展成果对接以及中试基地建设，完善土地、资金、服务等科技成果转化配套条件。实施支持企业加大研发投入、上市融资、产业投资、人才引进、外资开放等"一揽子"政策措施，形成政策"组合拳"。

专栏4-30：北京市出台加快科技创新构建"高精尖"经济结构"10+3"系列文件

2017年12月20日，北京市委、市政府印发了关于加快科技创新构建"高精尖"产业的10个文件，分别为《北京市加快科技创新发展新一代信息技术产业的指导意见》《北京市加快科技创新发展集成电路产业的指导意见》《北京市加快科技创新发展医药健康产业的指导意见》《北京市加快科技创新发展智能装备产业的指导意见》《北京市加快科技创新发展节能环保产业的指导意见》《北京市加快科技创新培育新能源智能汽车产业的指导意见》《北京市加快科技创新发展新材料产业的指导意见》《北京市加快科技创新培育人工智能产业的指导意见》《北京市加快科技创新发展软件和信息服务业的指导意见》《北京市加快科技创新发展科技服务业的指导意见》。

这十大产业均属于智力密集型、环境友好型和资源集约型产业，具有"两低两高"特征，即对人口、土地、用水等要素资源依赖度比较低，生产方式绿色集约，污染排放指标比较低，而产业科技含量、产出效率效益高，行业企业研发投入，人均地均产值能力比较高。

与此同时，本市还制定出台了《关于加快科技创新构建高精尖经济结构用地政策的意见》《关于财政支持疏解非首都功能构建高精尖经济结构的意见》《关于优化人才服务促进科技创新推动高精尖产业发展的若干措施》，分别从土地、财政、人才等3个方面给予配套支持。

五、完善科技成果转移转化环境

（一）引导推动大学、科研机构完善考核评价机制

科技成果转化是大学、科研机构科技活动的重要内容。推动科技成果转移转化是大学、科研机构服务经济社会发展的重要途径和职责使命。充分激发大学、科研机构科技成果转移转化动力，大学、科研机构等单位对其持有的科技成果，可自主决定转让、许可或作价投资，除涉及国家秘密、国家安全外，不需审批或备案；转化科技成果所获得的收入全部留归单位，纳入单位预算，扣除对完成和转化科技成果做出了重要贡献的人员的奖励和报酬后，应主要用于科技研发与成果转化等相关工作，并对技术转移机构的运行和发展给予保障。完善科技成果转移转化评价机制，激发科技人员科技成果转移转化动力；推动大学、科研机构等单位建立符合人事管理需要和科技成果转化工作特点的职称评定、岗位管理和考核评价制度；中关村国家自主创新示范区内的大学、科研机构等单位中从事科技成果转化和产业化的科技人员可列入示范区高端领军人才专业技术资格评价试点范围，评价合格的可获得正高级专业技术资格。积极实施科技报告和科技成果转化年度报告制度，建立健全科技成果信息汇集工作机制，加快构建科技成果信息系统；利用财政资金设立的科技项目，承担单位要按照规定及时提交相关科技报告；支持大学、科研机构落实科技成果转化年度

报告制度，按规定及时提交报告，说明本单位取得的科技成果数量、实施转化的情况以及相关收入分配情况。

（二）促进科技服务业加快发展

科技服务业是连接科技创新链条不同环节和资源的黏合剂。北京市深入落实加快推进科技服务业发展的指导意见，重点推进科技金融、工程技术、研发、设计、创业孵化、科技推广与技术转移、知识产权、检验检测、科技咨询服务业等。强化科技成果转移转化市场化服务，积极支持从事技术交易、技术评估、技术投融资、信息咨询等活动的技术转移服务机构发展，完善专业化、市场化、国际化的技术转移服务体系，进一步激发市场活力和社会创造力，推动创新创业高质量发展、打造"双创"升级版。鼓励有条件的大学、科研机构等单位建设专业化技术转移服务机构，以产业需求为导向，探索应用研发、技术转移、创业孵化、创业投资相互融合的新型服务模式。为激发创新源头活力，鼓励龙头国有企业针对重点产业领域自建众创空间，积极引导科研机构、大学围绕优势专业领域建设众创空间，推动众创空间向专业化、精细化方向纵深发展。同时，提升科技服务业对文化产业的支撑作用，支持国家级文化科技融合示范基地等创新平台建设，打造"联合国教科文组织创意城市北京峰会""中国设计红星奖"等品牌，提升"设计之都"的影响力。

专栏4-31："启迪之星"孵化器[①]

> "启迪之星"前身是成立于1999年的清华创业园，是科技部火炬中心认定的首批国家级孵化器，确立了"孵化＋投资"的发展模式和专业孵化器的发展方向，在全国建立孵化基地108个，拥有创新孵化面积近20万平方米，占全国规模的5%左右，是国内线下覆盖网络最全的创业孵化器，并建成了第一个中美跨境孵化器以及香港最大孵化器。
>
> "启迪之星"通过整合创新资源，搭建创业平台，与园区企业共同成长，已累计孵化服务企业超5000家，培育了大批优秀企业及人才，其中"钻石"企业59家，"金种子工程"企业75家，并已有35家企

---

① 资料来源：http://www.tusstar.com/index.php？app=web&m=About&a=detail&id=2388。

业成功上市，"千人计划""海聚工程""高聚工程"等领军人才80余人。2015年被工信部评定为首批国家小型微型企业创业创新示范基地，被科技部评定为首批国家级众创空间。

图4-18　中关村智造大街

专栏4-32：中关村智造大街——集众智造未来

中关村智造大街位于五道口腹地，北起清华大学东门，南至成府路，周围高校云集，人才济济，是海淀布局硬科技创新转化的核心节点。智造大街以"创意转化和硬件实现"为目标，以全链条服务和孵化为特色，帮助智能硬件企业实现了从无到有的过程。空间上规划了国际技术创新交流区和创新成果体验展示区、智能硬件创意实现区、产业孵化加速区、创新型高成长中小企业聚集区等功能区。智造大街致力于打造全国最综合的智能硬件产业支撑一站式服务平台，全国智能硬件核心技术标准创制和示范应用最集中的街区以及全国最活跃的国际前沿技术交流和科技成果辐射推广街区。

智造大街一期共约1.3万平方米，经过筛选引入了约20家企业。主要分三大类：一是创新创业载体，包括全球知名孵化器Plug and Play（曾孵化出Google、PayPal等知名公司）中国总部；二是产业链条上的服务平台，包括中国电子标准院、硬创梦工场、云智造、中科创星、神州泰科等；三是创新型科技企业，有中科飞龙（中科院转化项目，传感器核心技术国际领先）、国承万通（海归人才创办，动作识别、室内位置跟踪等技术国内领先）。入驻企业产值已达30多亿元，带动了中关村乃至北京市智能硬件产业近100亿元产值的提升。

（三）支持引导各区完善科技成果转化配套条件

科技成果转化顺畅，不仅需要有可转化的成果、平台等，还需要完善的政策措施、支撑保障条件以及有利于技术转移的社会氛围。《北京市促进科技成果转移转化行动方案》明确，应强化政府在科技成果转移转化中的战略规划、政策制定、平台建设、人才培养、公共服务等职能，加强科技成果转移转化服务体系建设，营造有利于科技成果转移转化的良好环境。

北京将持续推动各区明确科技成果转化的职责定位、工作机制和推进路径，配强工作机构和人员团队，制定导向明确的鼓励政策，建立有利于科技成果转化的评价考核机制。根据各区发展定位和产业特点，集中优质资源，精准引导符合发展定位的成果落地转化。支持各区提高产业承接配套功能，引导大学、科研机构科技成果实施转化和产业化，做大做深承接创新外溢效应的"池子"。根据发展定位和产业特点，抓好中试熟化基地以及相关配套公共技术服务能力建设，并主动提供精准服务，实现科技成果转化工作有规划、有协商、有衔接、有配套。深入落实乡村振兴战略，推进北京国家现代农业科技城建设，服务农业"调转节"，调转节是调结构、转方式、发展高效节水农业，助推产业升级；服务农村生态宜居，满足市民对美好生活的需要；培育农村新动能，促进农民增收，发挥首都科技创新驱动力，以科技创新引领和支撑农业农村现代化，为构建符合首都特点的城乡融合发展新格局做出贡献。

（四）建立军民融合创新体系

2017年6月，十八届中央军民融合发展委员会召开第一次全体会议，习近平总书记强调，把军民融合发展上升为国家战略，是我们长期探索经济建设和国防建设协调发展规律的重大成果，是从国家发展和安全全局出发做出的重大决策，是应对复杂安全威胁、赢得国家战略优势的重大举措。2018年3月2日，习近平总书记在十九届中央军民融合发展委员会第一次全体会议上再次强调，坚定实施军民融合发展战略，形成军民融合深度发展格局，构建一体化的国家战略体系和能力。

北京市积极探索军民深度融合创新发展，推动"民参军"和"军转民"，形成军民融合创新园、军民融合产业园、信息安全产业园等以"一体三园"为核心的军地科技成果双向转化模式。编制实施《北京军民融合科技创新行动计划（2018—2020年）》，推动一批民口优势项目服务国防和军队技术需求，支持一批军工技术向民用领域转化应用。持续推进中关村国家军民融合创新示范区建设，建立和完善区域性新型军民协同创新机制，推进军民融合认证管理创新。对接军工科研院所转制，支持其与市属国企和中关村高新技术企业开展混合所有制改革试点。逐步实现军民融合科技创新管理体系更加健全、攻关能力更加突出、支撑体系更加完备、军民两用技术双向转移转化更加顺畅等发展目标，形成与全国科技创新中心战略定位相适应的军民融合科技创新发展格局。

图 4-19　中关村国家自主创新示范区展示大厅军民融合展区

第六节　建设京津冀协同创新共同体

2014年2月26日，习近平总书记视察北京，专题听取京津冀协同发展工作汇报，强调实现京津冀协同发展是一个重大国家战略，要坚持优势互补、互利共赢、扎实推进，加快走出一条科学持续的协同发展道路。2015年4月，中共中央政治局审议通过了《京津冀协同发展规划纲要》，强调京津冀协同发展的核心是有序疏解北京非首都功能。习近平总书记在党的十九大报告中强调，实施区域协调发展战略，以疏解北京非首都功能为"牛鼻子"，推动京津冀协同发展。《北京城市总体规划（2016年—2035年）》明确，发挥好北京"一核"的辐射带动作用，携手津冀两省市推进交通、生态、产业等重点领域率先突破，着力构建协同创新共同体，推动公共服务共建共享，对接支持河北雄安新区规划建设，与河北共同筹办好2022年北京冬奥会和冬残奥会，强化交界地区规划建设管理，优化生产力布局和空间结构，建设以首都为核心的世界级城市群。

一、推动京津冀协同创新

在《京津冀协同发展规划纲要》蓝图指引下，京津冀"一亩三分地"的思维模式逐步被打破，目标同向、措施一体、优势互补、互利共赢的新格局逐步显现。

一是完善政策协同。加强宏观指导和政策支持，设立京津冀协同创新专项，发挥北京在京津冀协同发展中的龙头带动作用，引导三地加强战略规划、创新政策、要素市场和区域创新体系的协同。例如，三地出台京津冀"2+26"城市大气污染防治工作方案，共同实施永定河综合治理与生态修复总体方案，协同实施京津冀协同创新区综合科技服务平台研发与应用示范项目。

二是打通对接链条。聚焦"4+N"功能承接平台，构建要素集聚、资源共享、产业上下游高效衔接、互利共赢的京津冀科技创新园区链。建设一批具有示范引领和辐射带动作用的创新型园区和区域创新中心，探索共建新模式。

三是实现共享平台建设。京冀两地科技部门签署《共建联合实验室框架协议》，推动建设一批京冀联合共建实验室，探索建立跨区域科技资源服务平台、成果转化对接与技术转移转让绿色通道；京津冀区域大型科学仪器与基础设施、首都科技创新券等实现跨机构、跨区域开放运行和共享；"京冀服装设计与产业提升服务平台""京津冀新能源与智能电网装备产业检测认证服务平台"相继成立。

四是探索科技成果转移转化新模式。聚焦区域产业转型升级、污染防治、节能减排等发展需求，联合开展关键技术研发和应用示范。发挥京津冀协同创新科技成果转化创新投资基金作用，建设河北·京南国家科技成果转移转化试验区。在生物医药领域开展研产分离试点，形成研发和管理在北京、转化在河北的有效衔接新机制。

五是协同推进区域人才管理改革。完善区域教育合作机制，促进教学科研资源共建共享，提升跨区域、多层次人才发展水平。京津冀三地人社部门签署《专业技术人员职称资格互认协议》，专业技术人员职称资格互认，适用于京津冀专业技术人员在三地间流动过程中的职称晋升、岗位聘用、人才引进、培养选拔、服务保障等。在京津冀三地共建留创园，搭建"海外赤子京津冀服务活动"等平台，有效推动三地人才"优势互补、协同创新"。

专栏4-33：京津冀产业协同发展投资基金①

京津冀产业协同发展投资基金成立于 2017 年 9 月，由国家发展和改革委员会、财政部、工业和信息化部牵头发起，联合北京市、天津市、河北省，以及国家开发投资公司、招商局集团、工商银行、清华大学等其他投资主体共同出资设立。京津冀产业协同发展投资基金首期规模 100 亿元，基金采用有限合伙制形式设立。

京津冀产业协同发展投资基金，是国家出资引导社会资本参与的第一只京津冀协同发展专项投资基金，将努力成为产业协同发展率先突破的"实践者"、加快雄安新区建设的"推动者"、构建京津冀协同创新共同体的"探索者"，更好地发挥对社会资本投入的带动作用、对创新要素集聚的导向作用、对试点示范建设的引领作用，加快推动京津冀产业协同发展实现率先突破。

下一步，京津冀将加快协同创新。一是加强科技条件平台和技术市场"一站一台"建设，促进创新资源共享和科技成果跨区域转移转化。搭建人力资源信息共享及人才交流合作平台，引导和促进人才跨区域自由流动、主动流动。二是促进三地大学、科研机构、企业的协同创新。围绕三地共同关注的重点领域，深入开展京津冀基础研究合作专项，实现基础研究对京津冀区域协同创新发展的源头支撑。充分发挥北京国家现代农业科技城的辐射带动作用，深化京津冀农业科技创新联盟和京津冀现代农业协同创新研究院建设，开展京津冀农业科技协同创新及科技扶贫行动，实施一批京津冀协同攻关的重点项目。在汽车、生物医药等领域试点推进京冀联合实验室建设，打造跨区域科技资源合作平台。三是推动建立相互衔接的创新券政策。三地由各自的创新券资金支持本地企业跨区域科技活动，遴选的服务机构三地互认，依照本地创新券管理办法支持企业开展测试检测、合作研发、委托开发、研发设计、研究技术解决方案等科技创新活动。

---

① 资料来源：http://www.ndrc.gov.cn/gzdt/201709/t20170930_862763.html。

二、促进京津冀产业结构转型升级

4年来，京津冀三地理顺产业发展链条，推动建立区域间产业合理分布和上下联动机制，实现"1+1+1＞3"的效果，"4+N"产业合作格局更加巩固，北京现代汽车沧州第四工厂、首钢京唐公司二期项目等一批重大产业项目加快实施；张北云计算产业基地数据中心、首农三元河北工业园等一批项目投入运营；宁河京津合作示范区等一批重点产业合作平台加快建设；京津冀产业协同发展投资基金等一系列措施出台实施。

下一步，北京将持续加强区域产业协作和转移，加强京津冀产业转移承接重点平台建设，巩固提升"4+N"产业合作格局；聚焦曹妃甸区、北京新机场临空经济区、张（家口）承（德）生态功能区、天津滨海新区4个战略合作功能区，引导企业有序转移、精准对接，实现重大合作项目落地；依托京津、京保石、京唐秦等主要通道，推动制造业要素沿轴向集聚，协同建设汽车、新能源装备、智能终端、大数据、生物医药等优势产业链，逐步形成区域协同创新的产业布局；推动第三代半导体产业创新资源整合，形成立足京津冀、面向全国的第三代半导体材料与应用联合创新格局。发挥中关村节能环保技术优势，率先在钢铁、电力、能源、化工等领域开展广泛合作和示范应用，促进节能环保及新能源产业创新发展。开展京津冀农业科技协同创新及科技扶贫行动，推进京津冀农业协同创新发展；积极构建京津都市现代农业区和环首都现代农业科技示范带，形成环京津1小时鲜活农产品物流圈。

专栏4-34：京津冀加快构建"2+4+N"产业格局[1]

2017年12月，京津冀三省市联合发布《关于加强京津冀产业转移承接重点平台建设的意见》（以下简称《意见》），这是三地首次针对产业有序转移与精准承接联合制定的综合性、指导性文件。《意见》立足京津冀三地功能和产业发展定位，围绕构建和提升"2+4+N"产业合作格局，聚焦打造若干优势突出、特色鲜明、配套完善、承载能力强、发展潜力大的承接平台载体，引导创新资源和转移产业向平台集中，促进产业转移精准化、产业承接集聚化、园区建设专业化。

"2"即北京城市副中心、河北雄安新区。围绕功能定位，吸纳和集聚创新资源要素，打造创新产业集群，促进产城融合、职住平衡，增强北京新的"两翼"高端产业吸引力。

"4"即集中力量打造曹妃甸协同发展示范区、北京新机场临空经济区、张承生态功能区、天津滨海新区等四大战略合作功能区，加快形成集聚效应和示范作用。

"N"即一批高水平协同创新平台和专业化产业合作平台。包括武清京津产业新城、保定·中关村创新中心、白洋淀科技城、曹妃甸循环经济示范区、中关村海淀园秦皇岛分园等15个协同创新平台，廊坊经济技术开发区、天津滨海新区临空产业区、沧州渤海新区、石家庄高新技术开发区、固安经济开发区等20个现代制造业平台，保定白沟新城、廊坊永清国际商贸城、邢台邢东产城融合示范区、静海团泊健康产业园等8个服务业承接平台，涿州国家农业高新技术产业开发区、京张坝上蔬菜基地、京承农业合作生产基地等3个现代农业合作平台。

专栏4-35：京津冀钢铁行业节能减排产业技术创新联盟

2015年4月，北京市科委联合天津市科委、河北省科技厅共同发起成立"京津冀钢铁行业节能减排产业技术创新联盟"。

联盟整合了三地大型钢铁生产企业、技术服务优势单位、大学和科研机构、金融机构等108家骨干单位优势资源，聚焦节能、污染治理、产品质量提升、新产品开发等领域，着力推动和构建"三平台一示范区"工作模式，即以建设京津冀钢铁行业节能减排与转型升级科技示范区为载体，搭建产业共性技术联合创新平台、科技成果转移转化平台、绿色金融服务平台，"三平台"开发的新技术、新产品、新工艺、新模式，优先集中在"科技示范区"内开展示范应用、成果落地和产业化，培育钢铁产业创新发展新动能，助推钢铁行业转型升级，带动京津冀创新驱动、协调发展。

---

① 资料来源：http://www.scio.gov.cn/xwfbh/gssxwfbh/xwfbh/beijing/Document/1613953/1613953.htm。

两年多来，联盟通过对各方资源的整合和协调，取得了一定成效：成立了协同创新研究院，打造了协同创新共同体；联合开展技术攻关，推动了行业技术进步；对症下药，推动了科技成果转移转化；撬动了社会资本，开展了绿色金融服务。

专栏4-36：京津冀科研院所联盟[①]

2017年11月，由北京市科学技术研究院、清华大学公共管理学院、天津市科技协作促进会、河北省科学院等4家单位共同发起的京津冀科研院所联盟正式成立。91家机构加入京津冀科研院所联盟，其中科研机构51家、大学29家、企业11家，包括中国空间技术研究院、中国医学科学院、北京市科学技术研究院、北京纳米能源与系统研究所、河北大学、河北省科学院、清华大学公共管理学院、天津市科技协作促进会、天津航天机电设备研究所等成员单位。

京津冀科研院所联盟的主要工作包括建立京津冀科技资源共享平台和协同创新数据网络、建立科技产业对接平台和成果转化引导基金、建立现代城市治理科技智库和科技战略发展智库、加强对京津冀协同发展战略和雄安新区建设决策部署的服务等。

三、构建跨区域科技创新园区链

围绕区域发展需求，三地共建园区、基地、联盟、平台等，创新载体日益增多。聚焦京津冀产业协同发展重点区域，中关村初步形成了以天津滨海—中关村科技园为代表的两地共建共管园区、以保定·中关村创新中心为代表的技术品牌服务输出产业链协同创新、以曹妃甸为代表的科技成果转化等多种合作模式。

---

① 资料来源：《京津冀三地成立科研院所联盟》，http://www.xinhuanet.com/local/2017-11/24/c_1122006989.htm。

专栏4-37：保定·中关村创新中心

保定·中关村创新中心成立于2015年4月，项目占地45亩、建筑面积6.2万平方米。该中心由中关村发展集团所属企业中关村信息谷管理有限责任公司负责运营，并努力植入中关村基因，将中关村创业孵化、科技金融服务、成果转移转化等方面的理念和做法引入保定，引导全国乃至全球范围内创新资源和高端要素聚焦保定，营造跨区域的创新创业生态系统，以成为促进区域协调发展与经济增长的新动源。

保定·中关村创新中心的建设和运营一方面通过将创新文化基因植入项目，激发灵感，开拓思维，形成裂变效应，从而为保定产业升级和转型发挥示范和促进作用；另一方面也为京津冀协同发展规划的实施落地提供探索实践。

截至2017年年底，中关村企业在京外累计设立分支机构超过1.2万家，其中在津冀两地设立分支机构6100余家，带动北京市技术合同成交额快速提升。中关村海淀园秦皇岛分园、清华大学固安中试孵化基地、沧州北京现代企业产业基地、张北云计算产业基地等陆续建设。石墨烯产业发展联盟、京津冀技术转移协同创新联盟、京津冀钢铁行业节能减排产业技术创新联盟等相继组建，高新技术产业化基地、国家重点实验室、国家工程技术研究中心等不断涌现，为推进区域协同创新提供了有力支撑。围绕建立科技创新园区链，北京市重点建设了曹妃甸协同发展示范区、京津冀大数据综合试验区、天津滨海—中关村科技园、保定·中关村创新中心、北京·沧州渤海新区生物医药产业园等一批创新型园区和区域创新中心。

下一步，北京将通过人才、技术、管理、品牌、资本、服务等输出协作方式，打通创新链、贯通产业链、延伸园区链，打造高水平创新创业载体，引导中关村科技创新要素资源到园区落地，形成联动发展的科技创新园区链。聚焦"2+4+N"功能承接平台，建设一批具有示范引领和辐射带动作用的创新型园区和区域创新中心，推进一批重大产业合作项目加快落地，推动区域协同创新和产业联动发展。

四、全力支持河北雄安新区建设

设立河北雄安新区，是党中央深入推进京津冀协同发展的一项重大决策部署，是继深圳经济特区、上海浦东新区之后又一具有全国意义的新区，是千年大计、国家大事。党的十九大报告明确要"高起点规划、高标准建设雄安新区"。

2018年2月22日，中共中央政治局召开常务委员会议，听取河北雄安新区规划编制情况的汇报。会议指出，规划建设雄安新区，对承接北京非首都功能、探索人口密集地区优化开发模式、调整优化京津冀空间结构、培育推动高质量发展和建设现代化经济体系的新引擎具有重大的现实意义和深远的历史意义。

《北京城市总体规划（2016年—2035年）》明确，北京市将全方位对接支持雄安新区规划建设。主动加强规划对接、政策衔接，积极作为，全力支持河北雄安新区规划建设，推动非首都功能和人口向河北雄安新区疏解集聚，打造北京非首都功能疏解集中承载地，与北京城市副中心形成北京新的"两翼"，形成北京中心城区、北京城市副中心与河北雄安新区功能分工、错位发展的新格局。实现北京城市副中心与河北雄安新区比翼齐飞，以创新为纽带，促进区域产业链条贯通。突出北京（中关村）的产业引领地位，重点培育河北雄安新区及天津滨海新区、石家庄、保定等高新技术产业集群和创新型产业集群。发挥北京的科技创新资源优势，推动区域内实验室、科学装置、试验场所的开放共享，构筑三地集政、产、学、研、用于一体的创新生态环境。

2017年6月19日，北京市委书记蔡奇在北京市第十二次党代会上强调，建设河北雄安新区，是千年大计、国家大事，将与城市副中心共同形成北京新的"两翼"。北京市坚决落实党中央决策部署，把支持雄安新区建设当成自己的事，主动加强规划对接、政策对接、项目对接，全方位加强合作，雄安新区需要什么就支持什么，做到有求必应、积极配合、毫不含糊。

目前，北京市正抓紧落实《北京市人民政府河北省人民政府关于共同推进河北雄安新区规划建设战略合作协议》，围绕将雄安新区建设成为"绿色生态宜居新城区、创新驱动发展引领区、协调发展示范区、开放发展先行区、贯彻落实新发展理念的创新发展示范区"的目标，充分发挥北京科技创新、教育、医疗等资源优势，加强规划对接、政策对接、项目对接，聚焦重点领域推进实施一批有共识、看得准、能见效的合作项目，推动符合雄安新区定位的北京非首都功能疏解转移，引导北京人口随功能疏解有序转移，全力支持雄安新区中关村科技园建设，努力形成雄安新区与北京城市副中心"两翼"齐飞的生动格局。

五、实施《科技冬奥（2022）行动计划》

2022年北京冬奥会、冬残奥会是我国重要历史节点的重大标志性活动。习近平总书记提出了"坚持绿色办奥、共享办奥、开放办奥、廉洁办

图4-20　2018年5月，北京科技周上展示的正在建设中的北京冬奥会国家速滑馆模型

奥"，"确保把北京冬奥会、冬残奥会办成一届精彩、非凡、卓越的奥运盛会"的总要求，科技部出台了《科技冬奥（2022）行动计划》，实施"科技冬奥"重点专项。北京市积极落实奥运承诺，主动对接开展"科技冬奥"的需求，率先启动实施"科技冬奥"专项、制定《北京市科技冬奥（2022）工作方案》，并先期组织了赛区高精细化预报、山区增雪关键技术攻关；围绕不利气温下赛区用雪保障，组织开展0℃以上人工造雪和储雪一体化技术研究等项目。

2018年2月，冬奥会进入"北京周期"。下一步，北京市将加强与科技部《科技冬奥（2022）行动计划》对接，深入落实《北京市科技冬奥（2022）工作方案》，围绕办赛、参赛、观赛科技需求，整合北京乃至全国的优势科技资源联合攻关虚拟现实、人工智能、智能新能源汽车等关键技术并推动示范应用，同时强化对高山冰雪运动的气象保障技术研究，建设冬奥会零碳排放试验区，改善京张地区生态环境，提升城市管理水平，促进京津冀协同发展。

专栏4-38：令人惊艳的"北京8分钟"[①]

2018年2月25日，韩国平昌冬奥会的闭幕式上，"北京8分钟"精彩上演。这场精彩绝伦的表演，将科技、未来、现代相结合，为全世界奉献了一台蕴含丰富中国文化、展现新时代中国形象的文艺精品，给全世界观众留下深刻印象，也向世界传达了中国人民对冬奥会的美好祝愿以及对全世界朋友的热情邀请："2022相约北京！"而这背后的"神秘力量"就是来自北京理工大学数字表演与仿真技术实验室的虚拟仿真团队。据北京理工大学软件学院院长丁刚毅介绍，团队依托未来影像"高精尖"创新中心这一创新平台，针对"北京8分钟"参演要素多、创意过程复杂、排练关联度高的特点，利用影视虚拟和数字表演与仿真技术，研发了文艺表演预演系统和训练彩排与数字验证系统。这两套系统能够根据表演创意方案，将整场文艺表演的过程全部仿真，较好地保证了前期创意设计与现场排练工作的顺利进行。此外，该团队还以北京理工大

[①] 赵婀娜，韩姗杉：《揭秘"北京8分钟"背后的技术团队》，https://www.hubpd.com/c/2018-02-26/699005.shtml。

学自主研发的双目增强现实智能眼镜为基础，为核心表演道具"大熊猫"进行了"视觉改造"，为大熊猫道具的外挂摄像头加装云台，并与内部演员的智能眼镜相结合，从而解决了大熊猫道具里的演员在表演过程中，因内外光线差异导致对外部环境观察受限的问题，使演员在大熊猫道具内部能无差别地观测到外部环境。

此外，24个人工智能表演机器人，细致到微米、冰雪一样的"冰屏"，以及为了防止演员冻伤而研发的石墨烯智能发热服饰等，无一不是科技创新的杰作。

图 4-21 人体动作捕捉系统

第七节 全方位融入和布局全球创新网络

开放创新是大势所趋。2013年9月30日，十八届中共中央政治局在中关村举行第九次集体学习，习近平总书记强调，要扩大科技开放合作，深化国际交流合作，充分利用全球创新资源，在更高起点上推进自主创新，并同国际科技界携手努力为应对全球共同挑战做出应有贡献。2018年5月28日，习近平总书记在中国科学院第十九次院士大会、中国工程院第十四次院士大会上发表重要讲话，强调要深度参与全球科技治理，贡献中国智慧，着力推动构建人类命运共同体。

深入实施创新驱动发展战略，以全球视野谋划和推动创新，全方位提升科技创新的国际化水平，积极融入和主动布局全球创新网络，在全球范围内优化配置创新资源，在高层次上构建开放创新机制，力争成为若干重要领域的引领者和重要规则的贡献者，提高在全球创新治理中的话语权，是北京构筑具有强大带动力的全球开放创新高地，打造全球科技创新的引领者和创新网络的关键枢纽，支撑服务创新型国家和世界科技强国建设的重要内容，也是建设具有全球影响力的科技创新中心的应有之义。

党的十八大以来，北京市大力推进"引进来""走出去"。截至2017年年底，《财富》世界500强企业中有130家在中关村设立子公司或研发机构；北京拥有外资总部企业280家，英特尔中国研究中心、微软亚太区研究院、IBM中国研究院、苹果研发（北京）有限公司、加州北京创新中心等外资研发机构548家；拥有科技部认定的国际科技合作基地120个，占全国的1/7；北京市认定的国际科技合作基地370个。联想、百度、小米等近千家企业纷纷在境外设立研发中心或分支机构，初步统计，2017年中关村园区企业实现出口290.9亿美元，同比增长12.8%。百度、京东进入全球互联网公司10强，京东、联想、北汽等进入《财富》世界500强榜单，中关村企业海外上市公司达99家。北京成为联合国教科文组织的"设计之都"、联合国教科文组织国际创意与可持续发展中心（ICCSD），北京的辐射带动作用和全球影响力正在不断提升。

一、建设"一带一路"创新共同体

"一带一路"合作倡议是以加强传统陆海丝绸之路沿线国家互联互通，实现经济共荣、贸易互补、民心相通。"一带一路"合作倡议既是构建人类命运共同体的重要平台，也是推动中国参与全球经济治理的重要机制。2017年5月，习近平总书记在"一带一路"国际合作高峰论坛开幕式上强调要将"一带一路"建成创新之路，并宣布启动"一带一路"科技创新行动计划，开展科技人文交流、共建联合实验室、科技园区合作、技术转移4项行动。

近年来，北京紧紧把握"一带一路"倡议的重大历史机遇，通过举办多种形式的国际科技创新合作活动，搭建起国际科技合作平台与网络，促进创新要素在"一带一路"相关参与国家的流动，推动了重点领域与"一带一路"相关参与国家开展科技合作与技术转移。据不完全统计，北京市与"一带一路"相关参与国家开展国际科技合作项目50余项，每年举办国际科技交流会议近30场，技术输出到"一带一路"相关参与国家成交额累计达1300多亿元，占同期出口技术合同成交额的40%。

《北京城市总体规划（2016年—2035年）》明确指出，北京将围绕"一带一路"建设实施科技创新行动，加快国家高端创新资源汇聚流动，使其成为全球创新网络的重要枢纽。通过推进国际高端科技资源与北京创新主体加强合作，引进国际优秀项目和人才，助推北京企业和技术"走出去"。

通过促进国际技术转移协作体系建设，推动"一带一路"沿线国家的技术转移中心落地北京，促进企业、大学、科研机构、金融机构、知识产权机构以及其他技术转移服务机构之间的深度合作。

下一步，北京市将深入实施"一带一路"科技创新行动计划，发挥科技创新合作对共建"一带一路"的先导作用，把"一带一路"建成创新之路。围绕"一带一路"沿线国家的科技合作需求，一是打造创新创业生态环境。与"一带一路"相关参与国家共建科技园区；推动北京具备实力的科技企业孵化器在"一带一路"相关参与国家设立分支机构，进行全球化布局，助推北京企业和技术"走出去"；引进和汇聚国内外创业团队、高端人才、金融资本等创新要素，在北京建设"一带一路"国际创新创业中心。二是促进技术成果转移转化。搭建"一带一路"技术转移协作体系，推动在北京建立"一带一路"国际技术转移中心和技术交易服务平台，加强国际人才、资金、技术等生产要素的流动；引导社会力量参与"一带一路"国际技术转移。三是推动科技资源开放共享。促进首都科技条件平台"一站一平台"向"一带一路"相关参与国家辐射；与国内"一带一路"沿线节点城市合作构建协同创新共同体，推进北京和各节点城市创新要素的高效流动与合理配置。四是促进关键技术合作研发。在第三代半导体、脑科学、石墨烯、人工智能等前沿领域，以及医疗、高铁、北斗等重点领域，共建一批新型协同创新平台，实施一批"一带一路"协同创新项目；与"一带一路"相关参与国家共建联合实验室和研发中心，引导国际科技合作基地参与"一带一路"创新合作。五是加强科技人才交流，大力推动科技创新人才交流与合作，探索柔性引才、精准引才、以才引才等多种形式，加大国际化人才引进力度；探索设立"跨国杰出青年研究基金"，加强对青年科技人才的培养；推动"设计之都"的资源对外辐射。六是强化科技金融支撑。引导银行、证券、投资等金融服务机构为科技企业提供发债、境外并购、境外上市等多种形式的综合金融服务，探索推进跨境结算服务体系建设。

专栏4-39:"一带一路"倡议

"一带一路"（The Belt and Road，B&R）是"丝绸之路经济带"和"21世纪海上丝绸之路"的简称，由我国政府于2013年提出。政策沟通、设施联通、贸易畅通、资金融通和民心相通，是"一带一路"建设的核心内容。它充分依靠中国与有关国家既有的双、多边机制，借助既有的、行之有效的区域合作平台，高举和平发展的旗帜，积极发展与沿线国家的经济合作伙伴关系，共同打造政治互信、经济融合、文化包容的利益共同体、命运共同体和责任共同体。

丝绸之路经济带是在"古丝绸之路"概念基础上形成的一个新的经济发展区域，东边牵着亚太经济圈，西边系着欧洲经济圈，被认为是"世界上最长、最具有发展潜力的经济大走廊"。21世纪海上丝绸之路通过以点带线、以线带面，增进周边国家和地区的交往，串起联通东盟、南亚、西亚、北非、欧洲等各大经济板块的市场链，发展面向南海、太平洋和印度洋的战略合作经济带，推进亚欧非经济贸易一体化。

"一带一路"倡议提出以来，我国已与100多个国家和国际组织签署了共建"一带一路"合作文件。共建"一带一路"倡议及其核心理念被纳入联合国、二十国集团、亚太经合组织、上合组织等重要国际机制成果文件。2013年至2017年，中国与"一带一路"沿线国家和地区的货物贸易额累计超过5万亿美元，中国企业在沿线国家和地区推进建设经贸合作区75个，创造就业岗位21万个。

专栏4-40：瀚海着力打造世界级孵化器

瀚海控股创建于2003年，总部位于北京市东城区，现已发展成为专注于科技园区建设的跨国集团公司。

在国内，瀚海控股先后建立了5家国家级科技孵化器、4家国家级众创空间和中美企业创新中心、中加企业创新中心，是国家科技部授牌的国家级科技孵化器集群、国家工信部授牌的国家中小企业创新示范基地、国家科技部授牌的国际合作示范基地。

在国外，瀚海控股先后建立了8家海外科技园区，已形成覆盖美欧的国际科技园区集群，形成以"北京—硅谷—旧金山—洛杉矶—波士顿—温哥华—慕尼黑"为中心的国际孵化网络；建成以"孵化器、加速器、众创空间、产业园"为核心的孵化加速链条；打造了"硅谷创业节""好莱坞娱乐科技节""海外项目中国行"等系列品牌；构建了以企业全球化成长为使命的创新创业生态体系。

二、积极参与或组织实施国际大科学计划和大科学工程

党的十八届五中全会指出，我国应积极提出并牵头组织国际大科学计划和大科学工程。《中华人民共和国国民经济和社会发展第十三个五年规划纲要》提出："积极提出并牵头组织国际大科学计划和大科学工程。"《国家创新驱动发展战略纲要》《"十三五"国家科技创新规划》《"十三五"国际科技创新合作专项规划》中均对"积极参与和主导国际大科学计划和大科学工程"做出部署，提出：继续参与国际热核聚变实验堆（ITER）计划、地球观测组织（GEO）、平方公里阵列射电望远镜（SKA）计划、国际大洋发现计划（IODP）等大科学计划和大科学工程，提升我国科技参与的广度和深度。在我国有优势的重点领域，围绕全球性重大科学问题，研究提出我国可能发起组织的国际大科学计划和大科学工程的方向，力争发起和组织新的国际大科学计划和大科学工程。探索建立符合我国国情和科技创新规律的大型研究基础设施和装置国际共建共享机制，积极推动和完善相关领域大型研究基础设施和装置、科学数据等科技资源的国际合作共享。

2018年1月23日，十九届中央全面深化改革领导小组第二次会议审议通过了《积极牵头组织国际大科学计划和大科学工程方案》，提出：牵头组织国际大科学计划和大科学工程，要按照国家创新驱动发展战略要求，以全球视野谋划科技开放合作，聚焦国际科技界普遍关注、对人类社会发展和科技进步影响深远的研究领域，集聚国内外优秀科技力量，量力而行、分步推进，形成一批具有国际影响力的标志性科研成果，提升我国战略前沿领域的创新能力和国际影响力。

专栏4-41：国际大科学计划和大科学工程[①]

1. 国际热核聚变实验堆计划。全面参与 ITER 计划国际组织管理，提升我国核聚变能源研发能力；以参与 ITER 计划为契机，带动更多国内相关机构参与国际研发，提升我国参与大科学工程项目管理的能力，树立我国参与国际大科学工程项目管理的典范。

2. 平方公里阵列射电望远镜计划。积极参与 SKA 计划政府间正式谈判，继续深入参与 SKA 国际工作包研发并确保我国工业界在 SKA-1 建设中的优势地位，在国内部署开展科学预研及推动设立 SKA-1 专项。

3. 地球观测组织。构建综合地球观测领域全球合作体系，主导亚洲、大洋洲区域全球综合地球观测系统（GEOSS）的建设，运行我国全球综合地球观测数据共享服务平台，向全球发布专题报告。选择"一带一路"区域开展遥感产品生产与示范应用。

4. 国际大洋发现计划。瞄准国际前沿科学问题，验证大陆破裂形成海洋的重大理论假说，解决南海北部油气勘探开发中的关键问题。创新参与模式，提高我国的主导作用。

5. 发起实施国际大科学计划和大科学工程。在数理天文、生命科学、地球环境科学、能源以及综合交叉等领域选择全球共同关心的重大科学问题，发起实施若干国际大科学计划和大科学工程，并在其中发挥重要作用。

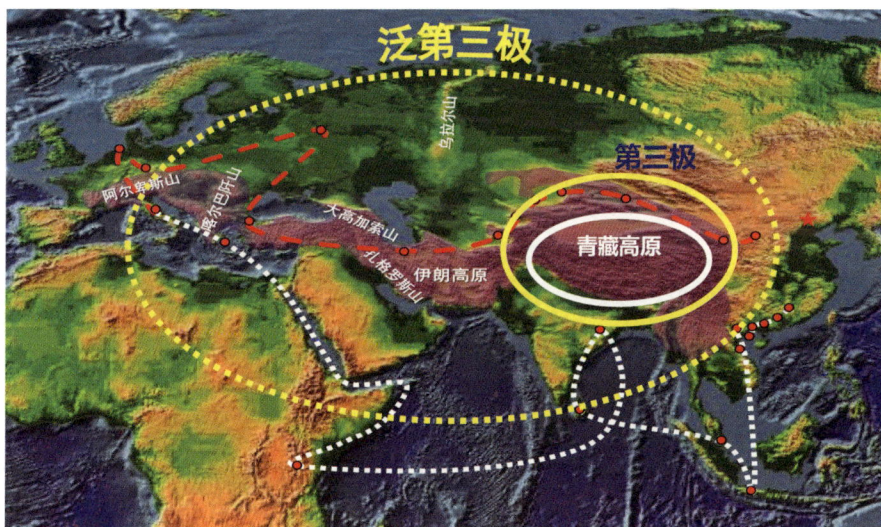

图 4-22 中国主导的国际计划"第三极环境"示意图

---

① 资料来源：《"十三五"国家科技创新规划》。

下一步，北京市将深入贯彻落实《积极牵头组织国际大科学计划和大科学工程方案》，将基础研究与前沿技术应用紧密结合，围绕脑科学计划、量子计算与量子通信、纳米科学研究等北京有优势的重点领域，积极参与或组织国际大科学计划和大科学工程，集聚国内外优秀科技力量，形成一批具有国际影响力的标志性科研成果，增强北京在全球科技竞争中的影响力和话语权。同时，结合怀柔科学城重大科技基础设施群建设，探索建立符合我国国情和科技创新规律的大型科研基础设施国际合作与共建共享机制，促进创新资源双向开放和流动，全方位提升我国科技创新的国际化水平。

三、持续构建开放型创新体系

北京一直致力于整合国内外科技创新资源，加强国际创新交流与互动

图 4-23　北京国际学术交流季——北京石墨烯论坛 2018

发展，建立了"1+2+5"[1]的工作布局以及综合服务支撑体系，推动北京与国外技术、人才、市场等创新要素充分对接，实现技术转移和成果落地，支撑全国科技创新中心建设。

专栏4-42：中关村硅谷创新中心在美国设立[2]

> 2016年5月11日，中关村硅谷创新中心在位于美国硅谷核心地带的圣克拉拉市成立，为中关村企业走向硅谷、走向世界、参与创新创业的全球化进程提供具有全球影响力的平台。
>
> 中关村硅谷创新中心由中关村发展集团海外子公司中关村（国际）控股公司与美国C.M.Capital投资公司于2015年合作设立。该中心主营业务包括为企业提供跨境办公室、孵化场地、基础设施、物业管理等基础硬件服务和政策咨询、项目申报、项目对接等基础软件服务。同时，还提供管理咨询服务、拓展型服务、投资型服务、外包型服务等一系列专业服务和增值服务。
>
> 设立硅谷创新中心，是中关村积极布局海外，在全球范围内挖掘创新资源，运用"基金＋孵化器"模式，引进具有前瞻性、颠覆性的前沿技术和高端项目的重要举措，也是中关村主动融入硅谷创新生态体系，通过跨界融合、开放共享、促进互补、合作共赢，共同为社会发展创造更伟大价值的战略性举措。
>
> 未来，创新中心将致力于整合硅谷优质企业，联通中国优质资源，通过建立专业的对接平台为硅谷企业的技术研究与发展提供更多的中国资源支持。通过中美资源的整合促成技术的二次开发，并形成产业协同，打通中美产业对话窗口，针对国家重点科技产业，将产业相对应的硅谷优质企业集聚到一起，并将中国该产业的领头企业带到硅谷。还将增强知识产权与专利的流通性，开启科技金融窗口，通过高端科技专利代理、知识产权交易平台等方式促进企业技术成果的推广并产生实际效益。

---

[1]　"1"是指1个覆盖多领域、多国别、多要素的会议平台——中国（北京）跨国技术转移大会，由国家科技部与北京市政府主办，北京市科委承办。"2"是指2个涵盖创新主体、创新资源、合作信息的国际合作工作推进网络。一是打造北京市国际科技合作基地实体网络，融入全球创新版图；二是建设覆盖全球的创新合作虚拟网络——国际技术转移协作网络（ITTN），链接全球创新资源。"5"是指5个联通重点国家、重点区域或重点城市的创新合作中心——中意技术转移中心、亚欧科技创新合作中心、中韩企业合作创新中心、北京—安大略科技创新合作中心、北京—特拉维夫创新合作中心。

[2]　资料来源：《中关村硅谷创新中心成立》，http://www.xinhuanet.com/tech/2016-05/13/c_128979538.htm。

专栏4-43：丹华基金

2013年5月13日，中关村发展集团联合斯坦福大学著名华裔科学家张首晟教授以及其他社会投资机构在美国硅谷发起设立"中关村斯坦福新兴技术创业投资基金"（即"丹华基金"）。丹华基金的"丹"取之于斯坦福，"华"取之于中华，意在成为中国连接世界创新创业的发源地——斯坦福大学和硅谷的高速桥梁。基金由张首晟等斯坦福大学的华裔科学家主导，以斯坦福大学和硅谷为核心，重点支持斯坦福大学及美国硅谷具有原创性和颠覆性的创新技术项目，关注的投资领域涵盖人工智能、虚拟/增强现实、大数据、区块链、企业级应用等具有颠覆性的新兴技术，投资阶段主要为早期及成长期；同时与中关村硅谷创新中心合作，引导支持项目到中关村产业化，推进"中关村资本'走出去'和海外先进技术、人才'引进来'"战略，助力中关村国际化发展。

下一步，北京市将重点从"引进来、走出去、塑品牌、建体系"4个方面开展和推动国际科技创新合作工作，进一步提升创新主体的国际化水平，推动北京成为全球创新体系的重要节点。

一是"引进来、走出去"，推动国际人才、技术、成果转移落地。大力推动"引进来"战略，用好服务业扩大开放综合试点，优化营商环境，加大在科技创新中利用外资的力度，促进总部企业、跨国公司地区总部、研发中心和国际科技组织等落户北京，引进全球人才、技术、资本等创新要素，提高对全球创新资源的开放和聚集能力。面向全球布局研发活动，支持国内企业"走出去"，推动北京企业设立海外研发机构，加快海外知识产权布局，参与国际标准研究和制定。鼓励推动政府资金与社会资金、直接融资与间接融资、金融资本与产业资本有机结合，实现科技与金融良性互动，健全多元化、多层次、多渠道的科技投融资体系。充分发挥北京市科技创新基金的作用，引导外资更多地投向创新创业项目，加速一批全球领先的重大技术和创新成果的投资、孵化与引进力度，实现创新、发展、共赢。

二是"塑品牌"，加强科技创新中心国际化软环境建设。深化科技人才合作，开展"北京国际学术交流季"，举办中国（北京）跨国技术转移大会、北京国际科技产业博览会、中关村论坛、联合国教科文组织创意城市网络北京峰会、"一带一路"北京科技创新论坛、亚欧科技创新合作研讨会、首都创新与协同发展国际论坛等多种形式的国际科技交流品牌活动，提升科技创新中心国际化氛围，增强北京企业利用国际创新资源的能力，支撑具有全球影响力的科技创新中心建设。

三是"建体系"，推动北京加快融入全球创新网络。坚持以全球视野谋划和推动科技创新，加强科技外交和科技合作的系统设计，健全对外创新合作的促进政策和服务体系；深化政府间科技合作，推进国际高端创新资源与北京创新主体加强合作，打造互利合作的创新共同体；创新国际科技人才交流机制，丰富和深化创新对话机制，围绕研发合作、创新政策、技术标准、知识产权、跨国并购等开展深度合作；加大科技计划开放力度，支持海外专家牵头或参与重大科技计划项目；实施更加积极的具有国际竞争力的人才引进政策，争取和吸引国际组织在北京落户，支持和推荐更多的科学家等优秀人才到国际科技组织交流和任职。

思考题

1. 如何理解和发挥"三城一区"在建设科技创新中心中主平台的地位和作用？

2. 如何探索出一条具有中国特色、国际水准和世界影响力的科技创新中心建设之路？

延伸阅读

1. 中共中央文献研究室：《习近平关于科技创新论述摘编》，中央文献出版社2016年版。

2. ［美］D.E. 司托克斯（Donald Stokes）：《基础科学与技术创新：巴斯德象限》，科学出版社1999年版。

3. ［美］雷·斯潘根贝格（Ray Spangenburg），［美］黛安娜·莫

泽：《科学的旅程》，北京大学出版社2014年版。

4.路甬祥，郑必坚：《科学发展》，高等教育出版社2006年版。

5.上海科学技术情报研究所，上海市前沿技术研究中心：《全球科技创新中心战略情报研究——从"园区时代"到"城市时代"》，上海科学技术文献出版社2016年版。

第五章　他山之石

从全球范围看，科技创新中心的层级不拘一格，呈现出明显的相对性，既可以是一个国家，如以色列；也可以是一个区域，如硅谷和中关村；但其更多的是一个城市，如伦敦、巴黎、慕尼黑、波士顿、东京等。而许多科技强国又拥有不止一个科技创新中心，如美国的硅谷和波士顿。但抛开这种相对性看，这些科技创新中心又都具有共同的特质，即在功能上聚集科技创新资源，迸发科技创新成果，在地位上主导甚至支配相当范围的科技创新格局。本章循着历次科技革命的脉络，逐一介绍和分析全球范围内崛起的若干科技创新中心。

第一节　伦　敦

英国长期引领全球科技创新。早在 17 世纪至 19 世纪中期，英国先后涌现出一批以培根、牛顿、达尔文为代表的科学家，以及一批以瓦特为代表的发明家和创业者，诞生了蒸汽机、电报机、机动轮船、铁路机车等一批影响世界的伟大发明，形成了有利于创新的工厂系统、学徒制、科学社团和专利制度等专业化制度优势，成为当时具有全球影响力的科技创新中心。作为英国科技创新的伟大标志，第一次工业革命促进了纺织、煤炭、冶金等近代机器工业的兴起，推动了人类社会生产力的极大发展。英国的生产效率大幅提高，迅速把其他国家抛到后面。在强大的经济实力、科技实力和军事实力的支撑下，英国在全世界建立了庞大的殖民体系，逐步形成以英国为核心的商业贸易圈，成为"日不落帝国"。

然而，从 19 世纪后期到 20 世纪初期，英国科技创新的领先优势逐步丧失。随着以电力为代表的第二次工业革命的兴起，德国和美国快速超越英国。英国落伍的主要原因也正在于其科技创新活力的减退。一是资本的利润遮蔽了科技创新。作为老牌资本主义国家，英国拥有全球最广阔的殖民地，可以大规模开拓海外市场，获取大量廉价的海外资源，导致资本家热衷于商品输出、资本输出和原材料输入，对采用新技术、新设备的积极性不足，最终致使生产率日渐下滑。二是科技创新的商业化不足。19 世纪中后期和 20 世纪，英国在科学技术研究方面虽然也取得了青霉素、雷达系统、喷气发动机等一些成就，但这些成果的大规模商业化应用多是在美国和德国。

一番科技"过山车"的兴衰经历过后，今天的英国又重回创新型国家前列；世界知识产权组织和美国康奈尔大学等机构发布的《2018年全球创新指数报告》显示，英国排名第四位。主要原因有三：其一，英国基础科学的传统地位依然强劲，保持高效率的产出和世界领先地位；其二，英国的科研投入规模巨大；其三，英国在生物、医学、信息等领域人才济济，科技成果产出水平高。在英国的科技创新格局中，伦敦一马当先，人类历史上第一列火车、第一条地铁、第一台留声机都诞生于伦敦，一度引领了全球科技创新的风潮，呈现出鲜明的科技创新特点。

一、比翼齐飞的科技与金融"双中心"

纵览全球的创新型城市，伦敦的突出特点是形成了国际科技创新与金融"双中心"的一体两翼之势。作为国际科技创新中心，伦敦的一大优势就是其拥有的科研机构多、政府财政支持多、跨国企业多。伦敦拥有200多家研究机构，同时大多数跨国企业都拥有自己的科研机构。伦敦政府每年都会拨出财政相当一部分作为科研机构的研究经费，这为伦敦的科技创新发展提供了必要的经济支持。与此同时，伦敦作为国际型的金融中心也有着独特的优势领域，主要是银行以及相关的保险业务。据相关数据统计显示，伦敦目前共有500多家银行，银行数量在国际大都市之中名列前茅。在伦敦每年进行的外汇成交总额高达约4万亿英镑，是世界上最大的国际主要外汇市场，无出其右。[①]

从成长历程来看，伦敦最初只是英国的贸易中心，在旷日持久的英法战争结束之后，伦敦对世界贸易进行融资，国际汇票机制促使其发展成为资本融合中心。之后，工业革命的诞生为英国的发展提供了重要的科技创

---

① 周海成：《国际大都市科技创新与金融"双中心"建设的经验与启示——以纽约、伦敦为例》，《科学管理研究》，2016年第1期，第105~108页。

新基础，逐步推动伦敦成为当时的国际科技创新与金融中心。此后，为加强伦敦国际科技创新与金融中心的地位，伦敦在货币市场、债券市场等方面进行相关金融创新。同时，还积极促进当地的相关研究机构进行科技创新，以科技产品带动经济发展，从而推动证券市场的进步。

近年来，伦敦尤其在风险资本领域形成了一套成熟模式，保证了伦敦科技创新的资金来源。在科研过程中，中小企业迫切需要充沛的资金支持，而政府不可能保证支持每家企业，这就需要风险资本补位。而一旦选择自己认为具有潜力的中小企业，风险资本就会对所选择的企业进行规范的管理指导，保障中小企业健康发展，逐步壮大。通过企业上市或是被其他大公司兼并，创新成果逐步商业化，风险资本获得丰厚收益，进而继续寻找具有潜力的中小企业进行资助，周而复始，推动创新体系良性运转。

二、热衷研发新产品的企业集群

伦敦企业的创新产出水平长期在英国名列前茅。首先，在伦敦的企业中，新产品及改进产品的销售比例在英国国内独领风骚。其次，伦敦每百万人拥有的专利数量在英国各个地区中一骑绝尘。究其原因，是因为伦敦新技术行业中的众多中小企业多呈集群分布。这种分布特点对产品创新产生两类积极影响：一是同类企业间的竞争激烈。为了保证自身的竞争力，伦敦的企业必须不断对自身产品进行改进或者更新换代，这就使得伦敦新产品的销售比例远远高于其他地区。二是中小企业的集群化可以增强中小企业业主、管理者和雇员挖掘创新机遇的能力与信心。中小企业之间的网络化和协作程度得以加强，从而引导新产品、新工艺或新市场的开发，推动中小企业的创新发展。此外，发达的风险投资也促进了伦敦的新产品及改进产品不断推陈出新。由于资本的逐利性，当创新产品研发出来后，都会将其尽快投向市场变现，争取超额利润。有赖于此，创新能力较强的中小企业能够在激烈的竞争中发展起来。

> 伦敦科技周（LTW）创立于2014年，是伦敦最大的科技节庆盛典，展示内容涵盖金融科技创意和企业技术，以及物联网等主题，将整个科技生态系统集中在一起，展示新兴技术，推动创新业务增长并激励下一代技术人才。2017年伦敦科技周期间，来自90多个国家的约5万名与会者参加了200多个场馆的数百项活动。伦敦市市长萨迪克·汗在科技周发布会上表达了伦敦"向全球人才开放，向全球合作伙伴开放，并为全球业务开放"的愿景。伦敦科技周已经成为当地企业拓展创新视野的重要窗口。

三、挺立创新潮头的名牌高校

英国一直重视高校作为研发中心的作用，持续加大研发经费投入，确保其在国内研发经费中所占比例稳居高位。承袭国家导向，伦敦也把高校作为科技创新的重镇。作为世界知名的教育科研中心，伦敦的高等教育举世闻名，集中了英国教育科研机构的精锐之师，不乏辐射全英、全欧甚至全世界的翘楚，例如，伦敦国王学院、伦敦大学学院等。在伦敦众多的名校当中，帝国理工学院的科技创新特色独树一帜。

帝国理工学院脱胎于皇家学术机构，虽然无法和老牌的牛津、剑桥比资历，但其雄厚的学术背景使得该校锋芒毕露；秉承"知识是帝国永续的支柱"的理念，不断创新发展。该校的哈姆林研究中心会聚了全球顶尖的医用机器人，并能进行机器人微创手术。该校的数据科学研究所，已开始运用大数据分析研究中国的人口流动、"一带一路"建设对沿线国家的影响、个性医疗、城市地铁管理等情况。

专栏5-2：帝国理工学院的合并创新之路

> "文科看牛津，理科看剑桥，工科看帝国理工"是英国顶尖高校排序的流行语。帝国理工学院成立于1907年，全名"帝国科学、技术和医学学院"，专注科技创新，在教学、科研、工程、医药以及管理专业方面享有盛誉，稳居世界一流大学之列。帝国理工学院如同一个科技创新"巨无霸"，不断吸收创新机构。20世纪八九十年代，帝国理工学院迎来了合并高潮，随着圣玛丽医院医学院、国家心脏和肺学会等著名医

疗学术研究机构的加入，帝国理工学院如虎添翼，此次合并也被认为是帝国理工学院有史以来最为成功的一次合并，正是因为有了优秀医疗学术研究机构的加入，才成就了当今帝国理工学院的王牌医学院。

四、政府主导科技创新的传统

英国虽然是典型的市场经济国家，但在科技创新领域却有长期的政府主导传统。近年来，为了进一步强化创新活动在国家发展中的战略地位，英国政府对其科技与教育管理部门机构设置进行了连续改革，建立了直接负责创新管理的政府机构。2007年，时任英国首相布朗将原教育与技能部一分为二，组建了儿童、学校和家庭部及创新、大学与技能部（Department for Innovation Universities and Skills，DIUS）。DIUS整合了原隶属于贸易及工业部的科技与创新办公室、英国知识产权局的创新与知识产权管理功能，以及原隶属于教育与技能部的技能培养和高等教育管理与发展功能。在2009年的内阁改组中，DIUS又再次与商业、企业和规制改革部合并，成立了新的商务、创新和技能部（DBIS）。

伦敦地方政府也顺应趋势，营造鼓励创新的环境和氛围，主动担当资源配置过程的监督者、公共服务的提供者、创新政策的制定者，主导着伦敦的创新发展。进入21世纪以来，伦敦政府制定一系列以鼓励支持中小企业创新为重点的政策法规。如2000年，伦敦发展局牵头15个政府部门及10个民间协会合作，制定了《伦敦科学、知识与创新战略规划》。2003年，伦敦发展局公布《伦敦创新战略与行动纲要（2003—2006）》，深入剖析了伦敦企业的创新优势与劣势，提出加强伦敦各创新政策落实机构的协调，制定保护中小企业创新成果的相应法规等措施，为众多的中小企业创新提供政策法规以及经济上的保障。

具体而言，伦敦政府主要通过如下途径促进科技创新：一是宣传弘扬创新文化，在全社会营造支持科技创新的良好氛围。二是制定有利于企业科技创新的政策法规，保证创新的合法性，降低创新的风险性。例如，对于资金比较困难的创新型中小企业，政府提供起始资金助其发展。在政府政策法规的引导下，创新成为企业不约而同的选择，不创新的企业终将在市场竞争中被淘汰，市场的活力得以维持。三是通过一系列措施来协调研究机构、大学和企业之间的联系，促进创新体系各要素之间的技术转移、扩散和产学研协同，促进企业创新的发展以及高校科研成果的产业化，推动整个城市创新体系的发展。

第二节　巴　黎

　　法国先后经历过两次科技创新高潮。第一次高潮是在19世纪上半叶，法国的资产阶级革命解放了思想，建立了先进的市场机制，形成了有利于创新的技术学院和专业工程师制度等专业化制度优势，为科技创新营造了良好的社会环境，也为工业技术创新奠定了基础。正是就此意义而言，J.D.贝尔纳在其名著《科学的社会功能》一书中说："法国的科学具有一部辉煌而起伏多变的历史，它同英国和荷兰的科学一起诞生于17世纪，但却始终具有官办和中央集权的性质。在初期，这并不阻碍它的发展。它在18世纪末叶仍然是生气勃勃的，它不仅度过了大革命，而且还靠大革命的东风进入了它最兴盛的时期。"第二次高潮是20世纪60年代至80年代初，法国建立了较为完善的国家科技创新体系，成功开发了核武器、"阿丽亚娜"火箭、空中客车、高速轮轨铁路等举世瞩目的创新工程。

　　20世纪80年代中期，法国政府对科技发展战略进行了重大调整，将原有的全面统筹改为适度统筹，科技创新成果有所波动。20世纪90年代末至21世纪，法国政府在科技创新方面励精图治，积极采取一系列重大应对举措，不断提高法国科技的国际竞争力和吸引力。在法国科技创新波澜壮阔的历程中，巴黎始终稳居法国的科技创新中心地位。

一、匠心独具的枢纽型创新协调机构

狭义的巴黎只包括原巴黎城墙内的 20 个区。在巴黎城墙周围，上塞纳省、瓦勒德马恩省和塞纳—圣但尼省分别同巴黎城区连成一片，与巴黎市以及伊夫林省、瓦勒德瓦兹省、塞纳—马恩省和埃松省共同组成巴黎大区。正是在大区的意义上，我们说巴黎是法国的科技创新中心。在法国 22 个大区中，巴黎大区的科技创新能力名列前茅，云集了众多的高校、科研机构和创新型企业，形成了以郊区卫星城镇为主的城市群科技创新产业布局，是法国当仁不让的科技创新中心。

巴黎的科技创新得益于一个重要的枢纽型组织——巴黎大区创新中心，它联结着区域内的高校、科研中心、创新型企业，形成有机互补的创新生态系统。这一创新生态系统中的各个环节通过创新项目和资金纽带相辅相成，推动区域经济持续发展。巴黎大区创新中心设立于 2009 年年初，由原有的一些创新机构合并而成，其中一些机构已经运作了 20 多年。创新中心工作人员的薪酬由相关政府部门承担。创新中心的核心工作是帮助中小企业找到恰当的合作伙伴和资金。

在巴黎大区，不论是中小型企业、科研机构还是私人团体，其研发的项目一旦有所突破，都可以得到巴黎大区创新中心的支持。此外，该中心所选择的科研机构或中小企业项目，也可从巴黎大区和法国创新署得到财政资助。对于巴黎大区中的独立中小型外国企业，如果该企业有切实可行的创新计划，就能得到巴黎大区创新中心的支持。整体而言，巴黎大区的创新生态系统构造精密，形形色色的机构都可以在其中各得其所，可谓是"万类霜天竞自由"。

二、名企辈出的科技创新主力军

企业是法国科技创新体系的主力军。巴黎集中了法国企业科技创新的若干代表，形成了以科技企业为主体的市场化创新格局。例如，马歇尔·达索工业集团的总部就在巴黎。企业涉足航空制造、国防、工业系统等领域。旗下的达索飞机制造公司是世界主要军用飞机制造商。达索系统专注于3D设计软件、3D数字化实体模型和产品生命周期管理（PLM）解决方案，为航空、汽车、机械电子等高端制造领域提供软件系统支持。

成立于1902年的液化空气集团是世界上著名的工业、健康和环保气体供应商。该企业将氧气、氢气和稀有气体作为其核心业务，并通过创新不断拓展新的业务领域，服务冶金、食品、电子、医药等众多行业。

位于巴黎郊区的阿尔斯通公司，是电站、电力设备以及环境管理系统方面的全球翘楚，法国国内的电力大多来自它生产的发电机。阿尔斯通还是世界领先的高速列车企业，主打轨道交通设备、交通运输设施等高技术产品。这一切铸就了阿尔斯通法兰西民族品牌的地位。

法国传统车企标致雪铁龙集团的总部也一直难舍巴黎的科技创新环境。尽管为了节省开支，总部于2017年从巴黎市中心搬迁到了巴黎郊区，但并不影响其继续享受巴黎的科技创新环境。自创立之日起，这家百年名企就一路创新，不乏令世人艳羡的科技突破。例如，1892年，标致首先在四轮汽车上采用了硬橡胶轮胎；2011年，出品了全世界第一辆柴油电动混合动力汽车；2013年，全世界第一辆空气混合动力汽车在此问世。正是依托上述创新不倦的龙头企业，巴黎才生产出了层出不穷且辐射全球的颠覆性创新产品。

三、别具一格的高校创新体系

高校是法国科技创新的生力军，其组成体系与许多国家都有所不同。首先是通称为"大学校"的高等专业学校，主要培养高级工程技术人员及各类专门人才，其多数归教育部领导，还有一些分属其他中央部门以及地方政府。这些学校的专业领域多为应用学科，以工科、农科和经济管理等学科为主。尽管这些学校号称"大学校"，但一般规模都很小。首先这些学校采取"精英教育"方针，严格控制招生人数，学生均要经过两年的预科学习，通过严格的入学考试，才能入学学习。其次是学制为3年或5年的工程师学校，两类学校的毕业文凭难分伯仲。最后是高等师范学校，主要培养高级教师、高级研究人员、行政部门和公共企业的高级管理人才。巴黎成为上述高校的聚集之地，例如，著名的巴黎高等师范学校、巴黎综合理工学院等。

尽管法国高校性质多有不同，但目标都是培养最顶尖的理工类人才，同时要求学生均衡发展。其中，巴黎综合理工学院在科技创新领域独树一帜，被誉为法国精英教育模式的巅峰。它于1794年创立，备受拿破仑的关注，在法国威望甚高，集中代表了巴黎高校在科技创新体系中的特色。作为一所"大学校"，巴黎综合理工学院不同于综合性大学，除了开设传统的工程师学制外，还开设有硕士学制和博士学制，同时注重学生的情商、创新力及管理能力的培养。巴黎综合理工学院同工业企业合作紧密，学生也因此拥有丰富的实习机会；同时，企业精英纷纷来校授课，还有一些企业投资学校的科研项目，这些都令普通学校望尘莫及。此外，巴黎综合理工学院注重学生创新能力的培养，成立了专门的企业创新学院，从实习到案例设计环节都定位于跟企业合作创新，有相当一部分学生在尚未毕业或者刚刚毕业时就成立了自己的公司。

四、助力创新梦想的政府激励

20世纪90年代末至今，法国政府为了重振法国科技创新雄风，采取了一系列重大举措，着力打造公共科研机构与企业的合作机制。法国政府通过了《技术创新与研究法》等一系列法律，为国家支持创新搭建系统框架。法国政府还设立了一些专门机构服务于科技创新企业。此外，在20世纪90年代末以前，法国的风险投资规模很小，但是从2000年开始，法国风险投资发展迅速。这也归功于法国政府的大力支持，例如，财政方面的优惠政策就发挥了直接激励作用。为提升法国企业的技术创新能力，提高法国工业的高新技术含量，法国于2005年推出了"竞争力极点计划"，旨在整合企业创新优势、突出产业创新重点、以点带面推动法国经济发展。同年7月，时任法国总统希拉克表示，法国将在工业创新领域创造一切条件，赢得国际竞争的先机。2014年10月，时任法国总统奥朗德提出"法国科创奖计划"，向外国企业家提供便利快速的签证、创业基金、个性化创业指导、协助在孵化区安置公司等服务。该计划的目的是鼓励最具才华的创业者来法从事经济活动，创造就业机会；并协助加强法国在全球创新竞赛中的号召力，巩固其作为领先创新型国家的地位。

作为法国的科技创新中心，巴黎近水楼台先得月，直接受益于这些举措，并积极响应和支持国家的创新举措。例如，巴黎政府采取了多项税收优惠政策鼓励企业研发投入，主要包括直接税收抵扣、税收减免等手段。财政政策也成为巴黎鼓励企业创新行为的重要方式。对于中小企业，特别是那些有助于经济增长、保障就业却无法盈利的企业，巴黎政府千方百计鼓励其开展持续性研发，在科研税收信贷政策、创新税收信贷政策、竞争力与就业税收信贷政策等方面予以支持。这些手段均从巴黎企业的实际情况出发，大胆创新，成效显著，提升了巴黎企业在研发创新、人员培训及资金筹集等方面的成效。

2015年，巴黎又启动了一项"法国科技倡议计划"，希望吸引来自世界各地的创业者。所申请项目必须为在高科技领域或其他领域的创业或拓展业务阶段，以建立创新型创业公司为目标，基于快速增长模型（即颠覆性技术和可扩展性）的项目，可申请项目涵盖整个创新领域，如数码、医疗技术、生物技术、金融技术等。申请到该项目的人6个月内将得到12500欧元的奖金；6个月后项目组各成员还有可能获得一项金额为12500欧元的二次奖励（12个月共计25000欧元）。此外，创业者还能获得合作伙伴孵化中心的免费办公区；参加由孵化器网络提供的活动和培训课程；获得高级导师指导创业公司成长。巴黎市市长安妮·伊达尔戈提出："凭借'法国科技倡议计划'，我们正试图建立更多孵化中心，以聚集来自世界各地的人才和创意。这一战略，将帮助巴黎成为全球创业工厂。我向来自全世界的创新企业家们承诺：巴黎将永远是一个容纳活力、梦想和勇气的地方。"

第三节　慕尼黑

　　第一次工业革命期间，现代意义的德国尚未成形。然而，德国统一不久，便搭上了第二次工业革命的快车，一跃成为个中翘楚。德国能够快速脱颖而出，主要得益于科技创新和人力资本因素的长期积累。通过创办专科学院和大学，开创教学、科研相统一的高等教育体系，并建立企业内部实验室制度，逐步形成了有助于创新的专业化制度优势。科技创新的理念深植德意志民族精神，虽历经两次世界大战却不曾减退。近年来，在国际金融危机和欧债危机的双重影响下，德国依托创新驱动战略保持了较好的发展态势，其在科技创新方面的经验可圈可点。德国科技创新的上述特点在其第三大城市慕尼黑表现得尤为突出。作为德国创新高地巴伐利亚州的首府，慕尼黑以科技创新立城，科技创新已经渗入其城市发展各个领域，成为城市的重要特征与特色。

一、成熟完善的科技创新环境

　　国际展会为慕尼黑的科技创新构筑了全球交流平台。慕尼黑是世界性博览会的云集之地，其中相当一部分展会的主题都涉及科学技术和各种生产设备、生产工艺。如著名的"SYSTEMS国际信息技术、通讯技术及新媒体推介博览会""PRODUCTRON-ICA国际电子生产技术与交易博览会""IMEGA国际餐饮工业及食品贸易博览会"等。作为行业内部的国际交流平台，这些展会为慕尼黑吸引了众多国际专业人才与专业企业，间接推动了慕尼黑的创新资源储备。此外，慕尼黑还以会展活动为载体，开展科技交流，依托众多在慕尼黑的企业总部，对外开放部分工业园区，带动科技旅游的发展，树立"科技之都"城市形象。

发达的中介服务成为慕尼黑科技创新的润滑剂。慕尼黑及周边地区聚集了为数众多的科技中介服务组织，为创新创业活动提供专业的保障性服务和全方位支持，如教育培训、市场开拓、产品质量鉴定等，甚至在立法方面也能给予帮助。这些中介服务组织大致分为两大类：一是以政府为主设立的创业服务中心，包括一般性创业服务中心、科技型创业指导中心以及针对特定科技领域项目的创业服务中心。二是联盟型组织，通常集科技孵化中心和商会性质于一身，将慕尼黑地区的高校、研究机构、商业组织、咨询机构、金融机构等结成一张网络，缩减创业的成本和时间，营造创业文化，打造慕尼黑作为欧洲创新及科技中介服务中心的形象。此外，以慕尼黑商业计划大赛（MBPW）为代表的创业培育活动也在慕尼黑地区建立了创业者的网络，一大批公司通过比赛成长起来，创造了众多就业机会，吸引了数量可观的资本投资。

成熟的非营利性科研机构塑造了慕尼黑强大的科技创新能力。非营利性科研机构是德国从事科技创新的专业力量。它们与公立科研院所和大学科研机构等共同构成德国的公共科研体系。最著名的如马普学会（MPG），主要从事自然科学、生物科学中的基础研究；赫尔姆霍兹联合会（HGF）主要从事具有应用前景的高技术基础研究；莱布尼茨科学联合会（WGL）主要从事具有国际水平、面向实际应用的基础研究；弗劳恩霍夫协会（FHG）主要致力于科研成果的转化，为企业提供有偿的技术开发和技术转让。虽然非营利性科研机构的经费主要来源于政府，但在法律上独立于政府，实行公司制管理，在经费使用、项目审批等方面拥有很大的自主权。

专栏5-3：弗劳恩霍夫协会简介

弗劳恩霍夫协会成立于1949年，总部位于慕尼黑，以德国科学家、发明家和企业家约瑟夫·弗劳恩霍夫的名字命名。其研究范围包括生命科学、光学和表面处理、微电子、生产技术、材料、国防与安全等多个领域，是德国也是欧洲最大的应用科学研究机构。

弗劳恩霍夫协会大部分研究经费来自于工业合同和由政府资助的研究项目，另有一部分经费是由德国联邦和各州政府以机构资金的形式赞助的。其非营利性使其只要足敷开支即可，却不从新技术或创新的商业化运作中直接获得收益，也保证了员工的薪酬接近政府机构薪酬水平。此外，政府投资给机构带来独特竞争优势的同时，也为机构带来了客户项目，确保协会及其员工一直处于技术创新开发及传播的前沿，保证了机构持续研究的动力。

科技创新机制方面，"弗劳恩霍夫模式"久负盛名，即政府基本投资＝（协会上年公共部门收入＋协会上年产业收入）/2，其中的政府基本投资为非竞争性资金，公共部门收入和产业收入为竞争性资金。

慕尼黑为本地高校创造了与弗劳恩霍夫协会多赢的合作契机。在高校基础研究和产业技术需求的对接过程中，当地高校提供了丰富的人力资源，教职人员可以担任协会领导，学生可以成为协会员工，加盟项目。从中，协会获得了最前沿的科学技术与高性价比的劳动力，毕业后的学生员工能够作为"杰出的弗劳恩霍夫博士"在市场上找到好的工作，同时拥有先进的技术专长和作为一个企业家所应具备的全方位的商业技能，以及广泛的行业资源。

二、绵延不绝的企业创新精神

德国的创新系统拥有一批具备强大创新能力的企业。企业研发部门在德国的创新系统中举足轻重。首先，德国的研发投入主要来自企业。其次，德国产业技术创新的主体也非企业莫属。德国的大型企业集团大都拥有独立研发机构，对提高工业技术水平和开发新产品发挥着龙头作用，例如，西门子、戴姆勒–奔驰、拜耳、赫斯特、大众、巴斯夫等。近年来，德国中小企业的研发活动日趋活跃，通过成立联合研究机构实现资源共享，降低研发成本。中小企业不仅向市场提供新产品，还提供面向未来的服务，正成为德国创新体系的重要支柱之一。

同时，政府方面大力鼓励扶持企业的研发创新。早在20世纪70年代，德国政府就出台了一系列帮助工业企业建立研发机构的政策举措，促进企业与高校和科研机构合作进行技术研发。近期，德国通过颁布政策逐步调整企业的组织结构，促使中小型企业形成联盟，并将技术资助作为重要手段，拓宽德国创新型初创企业的融资渠道。因为政府的资助与支持，企业参与研发的积极性日益提高，成为高新技术与产品研发的主力军。慕尼黑的企业也呈现出上述共性，特别是大企业在技术研发和创新方面作用突出。除了建立自己的研发机构，企业还作为项目委托方或资助方与大学或其他研究机构建立联系，参与科技研发。西门子、宝马等大型企业都是其中的科技创新典范。

专栏5-4：西门子家族与其创新史

西门子公司是世界最大的机电类公司之一，1847年由维尔纳·冯·西门子建立，至今已沿袭至西门子家族的第六代，而发明与创造，与这个传承了160余年的家族的兴衰荣辱相伴相生。这家在柏林创建的公司，现已将总部迁至慕尼黑。

从企业源头上看，西门子就是科技创新的成果。创始人维尔纳既是企业家，又是一个发明家。他曾服役于普鲁士军队，并在服役期间就读于炮兵工程师学校。在那里，维尔纳掌握了必要的技术知识。1847年，维尔纳发明了指针式电报机和远程电报线路通信。这项弱电工程领域的发明推进了电信时代的来临，为西门子公司跻身于世界最大的电气公司之列奠定了基础。1866年，维尔纳又研发成功了直流发电机。这项强电领域的重大发明迎来了电气时代，成为今天发电站、高速传动系统、电气化交通技术等电气设备的源头。对维尔纳来说，"技术先锋"是西门子自我意识的主要组成部分。在长达一个世纪的时间里，来自西门子家族的继任者们相继被培养成为公司接班人，使得公司对技术追求的连续性得以保持。

现在，西门子家族式的管理虽然已经发生了变革，但并没有褪去西门子的创新色彩。为了保持技术领先地位，公司每年把大量的资金用于研发。"西门子"已经成为"高质量"的代名词。2008年，西门子正式宣布淡出通讯行业，转而专注能源、工业、医疗等传统优势项目。正如西门子创始人维尔纳的名言："我绝不会为了短期利润而牺牲未来！放弃技术领先地位，就是放弃竞争和美好未来。"这句箴言值得铭记。

三、面向实践的高校育人导向

培养各类高水平的专业人才是德国研发活动成功的秘诀。在慕尼黑，高校是基础理论和应用研究的重要力量，也是培养德国后备科研队伍、保障科研可持续发展的基地，集中体现了德国在创新人才培养方面的特点。一是重视培养科学研究型人才。该职能主要由综合性大学承担。它们专业齐全，教学与科研并重，强调系统理论知识，从制度上关心科学研究。二是重视培养高技术型人才。该职能一般由应用技术大学承担。这类大学的学制一般较短，除必要的基础理论外，课程设置多偏重于应用，对学生注重实际技能的培养，成为德国制造业人才的主要来源。三是重视培养职业技能型人才。主要体现为双重职业教育培训体系，即学生要接受职业教育学校和企业的共同培养。学生不仅要在职业教育学校里接受理论学习，还要有相当长的时间到企业工作，接受实践训练。培训结束后，学生通过严格的考试成为工业、商业和手工业的栋梁之材。

德国双重职业教育培训体系最大的优势在于：企业里的实践训练与职业教育学校里的理论学习相结合，许多已经取得大学入学资格的中学毕业生都对此青睐有加。双重职业教育培训体系对德国的科技创新具有特殊意义。其中，最为突出的当数慕尼黑工业大学（Technical University of Munich，TUM）。21世纪以来，TUM准确把握其所处历史方位，利用其工科领先地位和自然科学实力，致力于改革创新型人才培养模式，在创业型大学[①]的方向上另辟蹊径。

TUM一般先通过入学倾向性测验，对学生精挑细选，参考候选人的兴趣和禀赋，为其特制课程计划。除此之外，TUM还给大学一年级学生开设专业概论性课程，主要由具备产业界经验的导师讲授。这些措施有助于学生提早规划职业生涯。TUM后续的教学形式更加丰富多样，包括讲座、练习、研讨、实验、实习等，实现了教学、研究、实训的融合。尤为值得一提的是TUM的"卓越大学计划"。它强调教学与科研的统一，科研人员将最新科研成果直接融入教学，学校则注重引导优秀学生在学位课程之后尽

---

① 创业型大学是一种新概念大学，是第二次学院革命的成果，集知识生产、传播和转化于一体，政产学研深度融合，20世纪后期在经济社会的剧烈变革中产生，把争取自身发展与促进社会进步相结合，体现了社会的要求和高等教育的进步。美国的斯坦福大学和麻省理工学院通常归类为创业型大学。

早参与研究工作。

四、多措并举的政府政策支持

德国长期重视科技创新，突出表现为连续性的创新政策。这些政策可归为三种类型：一是较为长期的指南针性战略。例如，2006年发布的首个《德国高科技战略》，在国家层面确定了加强创新力量的政策路线；2010年制定的《德国2020高科技战略》，立足于开辟新市场，确定了若干新的关注领域，主要包括生物技术、纳米技术、健康研究等方面。二是较为具体的创新行动计划。例如，1996年制定的《德国科研重组指导方针》，明确了德国科研改革的方向；2013年推出的《德国工业4.0战略计划实施建议》，重点支持德国工业领域新一代革命性技术的创新等。三是与创新有关的法律及协议。例如，2004年，联邦政府与各州政府签订的《研究与创新协议》，确保大型研究协会的研究经费每年保持一定的增幅；2012年通过的《关于非大学研究机构财政预算框架灵活性的法律》，在财务和人事决策等方面给予了非大学研究机构更多自由。

慕尼黑地方政府秉承了联邦政府的理念，积极支持当地科技创新，主要表现在政策、资金以及示范效应等方面。首先，政府鼓励有序竞争，实行重点扶持政策。例如，为了保障科技型中小企业的健康发展，政府运用知识产权及环保标准等方面的政策手段，为企业提供激励和必要的约束。其次，在产业创新方面，政府也不遗余力。一是注重研发投入，强调基础研究。二是重视示范作用，推进新兴产业的发展。三是政府支持建设外部国际经济网络，通过建立伙伴关系及签订谅解备忘录的形式，帮助企业营造顺畅的外部国际商业环境。此外，相关政府部门还以定期通报的形式向企业发布商务信息。

第四节　硅　谷

美国建国200多年来经济发展的历史，就是一部创新创业史。从19世纪的蒸汽船、轧棉机、电报、牛仔裤、安全电梯、跨州铁路，到后来的电灯、电话、无线电、电视、空调、汽车、喷气式飞机、核电、半导体、计算机、互联网和基因工程药物；从我们熟悉的电灯发明者爱迪生、飞机发明者莱特兄弟和软件帝国的缔造者比尔·盖茨，到鲜为人知的牛仔裤发明者李维·斯特劳斯及信用评级的创立者刘易斯·塔潘，等等。自20世纪40年代之后，美国成为全球科学研究和技术创新潮流的引领者，并一直保持到现在。全球诺贝尔奖得主近一半是美籍人，世界大学百强排名中美国大学占到一半以上。这些持续不断的重大发明和创新，催生了一个又一个新兴的产业，大幅增强了美国的经济实力和综合国力。[①]

在美国众多区域或城市中，创新和创业最为突出的当数位于西海岸加州北部旧金山湾区的圣克拉拉山谷地区的"硅谷"。该地区孕育了包括惠普、苹果、英特尔、思科、甲骨文、雅虎、谷歌、易贝、脸书、推特、基因技术、吉利德科学、赛尔基因、特斯拉、太空探索等在内的一大批著名高科技公司，形成微电子、计算机、信息技术、通讯、互联网、生物医药、新能源、新材料、精密仪器、航天等及其衍生相关的产业集

---

① 王昌林等：《大国崛起与科技创新：英国、德国、美国和日本的经验与启示》，《全球化》，2015年第9期，第42页。

群，成为当今举世瞩目的全球科技创新和高科技产业中心。硅谷以不足美国1.5%的人口，创造出占全美近5%的GDP，并且是来自高科技行业的GDP。那么这样一个地处旧金山东南部毫不起眼的郊区是如何变成全球科技界精英会聚之地的？

专栏5-5："硅谷"名字的由来

硅谷（Silicon Valley）作为地名，在过去几十年早已闻名遐迩，但其在地图或GPS上却难以找到。因为它既非行政区划，也没有独特的地貌特征，在更大程度上，它是一个功能性质的地区代称，之所以名字当中有一个"硅"字，是因为20世纪50年代发源于此地的企业多数是从事加工制造以硅砂为原料的高浓度硅的半导体行业和电脑工业；而"谷"则是从圣克拉拉谷中得到的。确切地说硅谷是以斯坦福大学所在的帕洛阿图为中心，沿着旧金山海湾向东南延伸到以圣何塞为中心城市的圣克拉拉谷，向西北延伸到圣马特奥县的一片区域。它没有固定的疆界，目前流行的看法是把旧金山、圣塔克鲁兹和伯克利甚至东湾的艾默里维尔也划在硅谷的范围内，这个区域大约拥有300万人口。

一、"热带雨林"型的创新生态系统

硅谷从20世纪40年代的"水果之乡"起步，时至今日，"硅谷"已成为美国乃至全世界科技创新中心的代名词。同时，硅谷也是知识经济的代名词，它创造了占全美15%的专利，拥有超过40名诺贝尔奖获得者。硅谷是创业创新的中心，它获取的风险投资约占全美的42%（2015年）；硅谷是优秀企业的生长栖息地，世界100强科技企业中，有20家在硅谷。

硅谷堪称全球科技创新中心的典型代表，制度完备，发展成熟。它并非政府专门推动，而是市场自发形成的科技创新中心。它以芯片为核心的系列产品，开创了信息时代。它的成功秘诀在于其独一无二的创新生态，就像一个不断产生和进化新技术、新商业模式的"热带雨林"——利用富含碳、氮、氢、氧原子的元素，以及空气、温度、湿度、土壤养分等条件，提供一个有利于新的动植物群落生长的生态环境，为新技术、新商业模式的诞生提供最佳的土壤。由于这种"热带雨林"型创新生态系统的存在，硅谷始终保持着旺盛的创新活力，成为全球信息技术、生物技术、新能源等高科技行业的创新摇篮。

硅谷可谓产学研协同的典范。它的诞生是斯坦福大学科研团队同产业联姻的结晶。据统计，目前硅谷有超过六成的企业源于斯坦福大学的科研团队，不仅为硅谷提供了多层次的创新人才，还提供了大量能够转化为效益、财富的科技创新成果。最初，斯坦福大学的弗雷德里克教授鼓励企业家在这片土地上投资，建立一个以工业为基础的工业园区，有助于斯坦福大学的理论研究成果向产品生产的转化。随着福特、通用等企业纷纷入驻，包括美国航空航天局的研究中心、莫非特海军航空站等政府部门也着手进入硅谷，建立研究机构。自此，越来越多的科技公司在硅谷这片创业热土上扎根。一流的大学和研究机构、一流的公司在这里共同创造了一种特殊的土壤，风险资本纷纷涌入。以"斯坦福系统中心"为例，该中心是斯坦福大学与美国联邦政府和硅谷的20家企业于1981年合作建成的，从属于斯坦福大学工程学院。该中心每年承担大量的高科技前沿课题，以校企研发人员共同合作为基础，以高科技项目为纽带，加上充足的经费与国际一流的研究设备和仪器，诞生了大量处于世界先进水平的高新技术成果，其中70%~80%的成果可用于工业制造和生产，为合作企业带来了丰厚的经济效益。合作企业每年按规定向中心支付一定数量的会员费，作为中心的研究资金，以支持课题研究的顺利进行。这一合作模式促成了合作企业（产）、斯坦福大学（学）、系统中心（研）的良好互动，形成了一种资金—人才—科技成果的良性循环产出机制，并在此基础上孕育出推崇创新创业的科研及经营理念。

专栏5-6：硅谷发展历程

第二次世界大战爆发后，美国政府大量采购军事工业产品，圣克拉拉县的果园被现代工业如导弹和航空公司等取代。美国政府更需要高新技术成果来支持电子作战，这直接推动了半导体、微电子等产业的发展，也让更多的国家研发经费流向了斯坦福大学所在的硅谷。战争还为硅谷提供了充足的劳动力，战后有大量美国退伍兵留在加州，他们多年来与武器机械打交道，接受再教育时很自然地选择了工程学，这为20世纪40年代末50年代初硅谷电子产业贡献了大量的技术人才。

20世纪50年代至80年代，时任斯坦福大学电子工程学院的院长，后被称为"硅谷之父"的弗雷德里克·埃蒙斯·特曼提出：大学和科技产业之间要以人才为桥梁，形成一种新的合作伙伴关系。他倡议在斯坦福大学附近打造一个"技术学者社区"，于是他在学校里选择了一块很大的空地用于不动产的发展，并制订了一些方案来鼓励学生们在当地发展他们的"创业投资（venturecapital）事业"。斯坦福工业园就此创建。在弗雷德里克的指导下，他的两个学生威廉·休利特和戴维·帕卡德在一间车库里凭着538美元建立了惠普公司（Hewlett-Packard）。这间车库现在已经成为硅谷发展的一个见证，园区与大学比邻，只接纳科技企业入驻，学界与业界从此紧密相连。

　　科技企业在硅谷集聚的同时，也发生了"裂变"，即骨干人才从原来的企业辞职，利用其习得的技术与知识创办新公司。裂变始于斯坦福工业园内的肖克利半导体实验室。1956年，一个著名的加利福尼亚人威廉·肖克利搬到了这里。威廉的这次搬家可以称得上是半导体工业的里程碑，他建立肖克利半导体实验室，为了公司的发展，他特意从东部招来8名年轻人，这其中就有诺伊斯、摩尔、斯波克、雷蒙德。但是威廉并不是一个合格的经理人，总是不断地改变聚焦的产品，甚至最终中断了硅晶体管的开发。在无法忍受的情况下，8位年轻的科学家辞了职。他们用3600美元的种子基金成立了硅谷的第一家半导体企业仙童半导体公司，20世纪50年代至80年代间，仙童公司共裂变出55个半导体企业，随之在硅谷衍生出大量的激光、微波、电子通信、计算机等高新技术研发企业，基本奠定了硅谷作为全球科技创新中心的地位。虽然仙童公司最终销声匿迹，但是人们不会忘记它在硅谷历史上所做出的贡献和对于开发单晶硅片做出的丰功伟绩，由仙童公司雇员所创建的公司在硅谷乃至全美国已超过百家。

二、务实高效的大学创新教育

　　世界知名科技创新中心通常由著名院校辅佐。比照澳大利亚2thinknow的"2018全球创新城市指数排行榜"和上海交通大学的"2018世界大学学术排名100强(Academic Ranking of World Universities，ARWU)"，前10个创新城市（地区）中，全部至少拥有一所世界一流大学。硅谷地区更是如此，该地区汇集了斯坦福大学、加州大学伯克利分校、加州大学旧金山分校和加州州立大学圣何塞分校等顶尖院校，它们分别在科学、工程、应用技术的发展与推广以及人才的培育、技术的支持等方面为硅谷注入了顶尖学术智能。世界一流大学培养的大量本科生、研究生、博士不只是知识传承的载体，也是全球科技创新中心形成的人才来源。同时，世界一流大学也是科学研究特别是基础研究的重镇和重大科技成果的诞生地。在美国，影响人类生活方式的重大科研成果中，70%诞生于高水平的研究型大学。例如，发光二极管、条形码、晶体管、雷达互联网搜索引擎等产品和技术均诞生于美国一流大学。

专栏5-7：2018年世界创新城市10强及其所拥有的世界一流大学（部分）

城市（地区）	创新城市排名	拥有的世界大学100强及其排名
东京	1	东京大学（22）
伦敦	2	剑桥大学（3）、牛津大学（7）、伦敦大学学院（17）、帝国理工学院（24）、伦敦国王学院（56）
硅谷	3	斯坦福大学（2）、加州大学伯克利分校（5）、加州大学旧金山分校（21）
纽约	4	哥伦比亚大学（8）、康奈尔大学（12）、纽约大学（32）
洛杉矶	5	加州理工学院（9）、加州大学洛杉矶分校（11）、南加州大学（60）
新加坡	6	新加坡国立大学（85）、南洋理工大学（96）
波士顿	7	哈佛大学（1）、麻省理工学院（3）、波士顿大学（75）
多伦多	8	多伦多大学（23）
巴黎	9	索邦大学（36）、巴黎第十一大学（42）、巴黎高等师范学校（64）
悉尼	10	悉尼大学（68）

注：括号内为大学排名

资料来源：Innovation Cities TM Index 2018；上海交通大学"2018世界大学学术排名100强"

斯坦福大学作为硅谷地区的知识生产中心，持续不断地为硅谷输送最新的研究成果。以在高水平学术刊物发表的论文为例，1900年至2013

年，斯坦福大学和加州大学伯克利分校在Web of Science数据库收录的SCI、SSCI及A&HCI期刊上，共发表论文179895篇，占硅谷地区3类期刊论文总数的71%。许多技术发明，如喷墨印刷术、记录仪、鼠标输入器等都被企业吸收、应用，并最终形成产品。①

美国斯坦福大学是创业型大学的典范。据2015年斯坦福大学统计，1930年以来由该校师生创办的企业多达39900家，每年产生的收益高达2.7万亿美元，共创造了540万个工作岗位，包括位于硅谷的谷歌、惠普、雅虎、思科、赛门铁克等改变世界的大企业。

硅谷高科技产业销售收入有50%以上来自斯坦福大学衍生企业。斯坦福大学拥有较其他大学更加开放和自由的学籍管理办法，并开设独立的跨学科研究中心，通过合作研究等形式与企业建立合作关系。在合作过程中，研究中心可以获得企业资金、设备等的支持；企业可以获得科研支撑。这样，工商业与学校的科学研究越来越融为一体，学生可以在学校里直接创业，建立自己的公司。

三、"营养全面"的科技创新环境

对硅谷来说，还有两大体制性的因素非常关键。第一，（这也是广为人知的）是风险资本与天使投资框架；第二，（并不太为人所知的）是法律构架，包括律师事务所，以及加州独特的法律和规章。②

就像华尔街已经等同于美国的金融业一样，创业者眼里硅谷的"沙丘路"（Sand Hill Road）便是风险投资的代名词。那里聚集了全球最大、最多的风险投资公司。在纳斯达克上市的科技公司至少有一半是由这条街上的风险投资公司投资的。其中著名的包括红杉资本（Sequoia Capital）、凯鹏华盈（KPCB或KP）、NEA等。可以说风险投资促成了硅谷的奇迹，同时这些

① 杜德斌：《全球科技创新中心动力与模式》，上海人民出版社2015年版，第95页。
② 阿伦·拉奥，皮埃罗·斯加鲁菲：《硅谷百年史》，人民邮电出版社2016年版，第17页。

风险投资公司也因为硅谷的出现和发展而不断续写着传奇。

专栏5-8：硅谷风险投资的起源[①]

硅谷著名投资人瓦伦丁在仙童公司任职时，仔细观察工程师所做的事情，发现工程师们总是有着无穷的创造力，你永远不用担心创新的问题，因为他们总是会去尝试新的东西。但是对大多数工程师而言，要将创造力转换成商业上的成功，缺少两样东西：一是资金，二是放弃目前高收入高福利工作的动力。因此，瓦伦丁等人就需要创造出一个体系，让这些工程师有足够的资金来实现自己的想法，同时又有足够大的诱惑让他们愿意从原来的公司跳出来"单干"。硅谷的风险投资人和过去传统的投资人不同，他们不是被动地等着创业者来要钱，而是在不断探索未来新的科技发展机遇，并且主动寻找可能的创业者，劝说这些人"反叛"。如此一来，硅谷的新公司才能不断涌现出来。当然，要做到这一点，要求投资人本身也懂技术，并且能够看清未来10年科技产业的发展趋势。风险投资人劝说工程师跳槽（到自己投资的小公司）和创业，起初还只是个案和独立事件，后来他们就此形成了一套理论，并且在硅谷地区不断地向全社会灌输这样的理论——"风险投资人就是需要让工程师们合法地暴富起来"。在风险投资人看来，拆掉一座旧房子，用里面好的砖石搭建新房子，要比慢慢改造一座旧房子效率高得多。

风险投资是硅谷高科技企业成长的发动机，硅谷许多重要的技术创新都是在风险投资下实现产业化的。美国风投协会的研究数据显示，风投对美国经济贡献的投入产出比为1∶11，其对于技术创新的贡献是常规经济政策的3倍。硅谷占了美国风险投资金额的五成左右，从2002年到2015年，每年投到硅谷的这部分资金都在100亿美元以上。《2017硅谷指数》显示，2016年硅谷地区获得1亿美元以上风险投资的企业达到17家，风险投资总额231亿美元，少于2015年的245亿美元，但仍是近16年来的第二高值[②]。高技术产业就业增长率5.2%，远高于其他领域。

作为直接影响硅谷发展的资本力量——风险投资，有着很强的地方特

---

① 参见吴军：《硅谷之谜》，人民邮电出版社2016年版。

② 蒋玉宏，王俊明，朱庆平：《从〈2017硅谷指数〉看美国硅谷地区创新创业发展态势》，《全球科技经济瞭望》，2017年第3期。

色。它不仅仅是提供科技公司早期发展的资金，还帮助这些公司建立起发展的团队，包括从其他公司挖人，甚至承担了年轻创始人导师的义务。可以说，硅谷风险投资人在把控技术方向上的独到眼光以及帮助所投资公司发展上的特长，是硅谷以外的传统投资人所不具备的，这些特长促进了硅谷的成长。这些特长并非是一日形成的，而是随着硅谷的发展逐步进化而来的。[①]

除了灵活的资本投入机制，成熟的资本退出机制也必不可少。硅谷的创业资金拥有成熟的退出机制和途径，最主要的两种是公开发行上市（IPO）和并购（M&A）。硅谷也具有一种独特的创新投资回馈机制，创业成功者在赚钱后会积极支持其他人创业。创业成功者在参加聚会时并非针对他们赚了多少钱而夸夸其谈，而是谈论他们为新创业者或者其他公益事业花了多少钱。

硅谷的法律服务也令人印象深刻。WSGR、Cooley Godward Kronish LLP、DLA Piper LLP、Gunderson Dettmer LLP等律师事务所，可以为初创公司提供一系列免费服务，包括新公司注册、起草投资条件书、提供法律表格等。一个没有什么信用记录的初创公司团队（无论是经验丰富的企业家还是斯坦福大学的在校生）都可以很容易地得到这些免费服务。律师事务所希望能廉价地获取客户，因为它们很可能成为明天的谷歌或脸书。

加州法律规章中的一些条款对初创公司也相当有益。首先，加州不允许雇用合同中存在竞业禁止条款，所以人们可以离开一个大公司或初创公司，然后立即为老东家的竞争对手工作。这就实现了技术和创意的流动。其次，硅谷和加州没有积极执行有关商业秘密和私有信息的法律，公司的雇员因而得以频繁地更换工作。最后，某些普遍的商业文化和法律特色也促使了初创公司的形成，包括员工的快速流动、较短的职位任期、大量使用临时工、企业忠诚度低、灵活的报酬等。

① 吴军：《硅谷之谜》，人民邮电出版社2016年版，第41页。

> 硅谷所在的旧金山湾区为何会成为全球风险资本的集聚地？答案是层出不穷的创业企业与风险资本形成了良性互动。一方面，创业企业吸引大量风投基金落户湾区；另一方面，众多创业成功人士"并没有退休打高尔夫"，而是成为风险投资人，扶持其他创业企业成长，让湾区涌现出更多的企业。"在创业和投资过程中，硅谷形成了'旋转门文化'。"很多大企业的年轻员工会辞职创业，大企业管理层对此是鼓励的，因为大企业都是风投基金的GP（普通合伙人），可以投资辞职员工的创业项目；如果创业成功，还可进行收购，这样能加速大企业的技术和产品创新。
>
> 风险资本还催生了孵化器、加速器等创业服务机构。如今，湾区的高校都设有孵化器，为有志于创业的年轻人提供一系列服务。大企业、高校、投资人、孵化器共同扶持创业，构成了有活力的创新生态系统。

四、开放包容的硅谷创新文化

硅谷能成功，是因为鼓励明智的失败，有一句硅谷人耳熟能详的忠告："失败是常事，但要失败得快一些。"硅谷的精英们在创业的过程中形成了以民主自由、求真务实、鼓励冒险、包容失败为特质的充满活力的文化氛围。这种文化氛围又为硅谷吸引了来自全世界的高层次科技人才，持续推动着硅谷产业经济的高速发展。硅谷文化的基本内涵，概括起来就是"繁荣学术，不断创新；鼓励冒险，包容失败；崇尚竞争，平等开放；讲究合作，以人为本"。

"繁荣学术，不断创新"，学术的自由发展是高新技术产业发展的催化剂和助推器。繁荣的学术是硅谷高新技术产业发展的共同基础。在硅谷发展过程中斯坦福大学等知名学府不仅源源不断地为之输入各类人才，也把大学良好的学风和学术传统带到了硅谷，孕育了硅谷鼎盛的学术研究、学术探索风气，从而为硅谷提供了人才、智力和技术等方面的强大支持。"鼓励冒险，包容失败"，在硅谷，人们乐观向上的进取精神以及同业间、社会上的竞争都在不断激励人们勇于闯荡、敢于冒风险。在硅谷存在着

---

① 俞陶然：《旧金山湾区为何能"无中生有"成为科创中心》，http：//www.stcsm.gov.cn/xwpt/mbjj/546316.htm。

"试错法"，或者是"失败可以创造机会和更好地创新"这种人们普遍接受的理念，近年来日臻完善的风险投资机制更是激发了硅谷人的冒险精神。而硅谷人在这种闯荡、冒险的创业中，又难免会有失败的体验，但硅谷人对失败极为宽容，他们认为"如果还没有失败过，说明你没有尝试过"，这已成为硅谷人普遍认同的明智态度，也成为人们冒险创新的一种内在精神动力。硅谷文化中对失败的宽容，大大激发了员工大胆尝试、勇于探索的创新热情。"崇尚竞争，平等开放"，硅谷人这种海纳百川的精神风格，使硅谷人可以毫无顾忌地充分发表个人的意见和观点，同事或上司不仅会予以鼓励，并会在充分评价的基础上，认真吸纳有价值的意见和建议。硅谷的高开放性也促成了人才的高流动性。"讲究合作，以人为本"，硅谷人不仅具有强烈的个人、个体的创新精神和竞争精神，同时他们也十分看重团队精神。对于意图创业的技术人员，硅谷的公司通常不会加以阻挠，甚至会给予技术上的支持和合作机会，有的还会提供启动资金。公司普遍实行持股分红制度，公司员工既是劳动者，又是所有者，这种激励机制大大强化了员工的主人翁意识，有效激发了员工的创造潜力与在工作上的投入和追求。凡此种种，成就了硅谷作为以鼓励创新创业为主的全球创新高地。

企业家精神是创新活动的驱动力。美国硅谷已经创造出了一种商业文化，其中快速的技术变化使企业家承受了更大的风险，竞争对手、投资者、供应商和顾客之间有着非同寻常的联系和合作，创业者的个人价值会得到社会的承认和推崇。硅谷的企业家更像革命家，他们喜欢标新立异，敢于冒风险，从无到有，弃旧从新。正是这种企业家精神，造就了硅谷层出不穷的创新理念和众多的改变世界的创业公司。

专栏5-10：硅谷"钢铁侠"埃隆·马斯克[1]

史蒂夫·乔布斯去世后，美国科技界有很多人认为埃隆·马斯克堪称硅谷新一任"舵手"。"创造财富，改变世界"这句话是对现代企业家精神的描述，也是对埃隆·马斯克的真实写照。生于1971年的马斯克，不断上演人生精彩大戏：创立了大名鼎鼎的网络支付平台PayPal，31岁就成为亿万富翁；担心汽车一直消耗石油，能源会耗尽，于是制造出在商业上大获成功的电动汽车（特斯拉）；忧虑一直依靠石油、煤炭这些自然资源会有电力枯竭的一天，于是做了太阳能电池（太阳城）；担心若有一天地球面临毁灭，人类必须在外太空生存，开始涉猎火箭发射（SpaceX）。

2018年2月，他用SpaceX的"重型猎鹰"把一辆特斯拉跑车送上了太空，开辟了私人探索太空时代。同时，他的45分钟横跨美国的超级高铁也已在实践中。这位横跨汽车、航空、能源、人工智能领域的"多面手"被认为是现实世界里的"钢铁侠"，他对产品精益求精，尝试在各个领域革新突破并且极度勤奋，每周工作100个小时。他既是天才工程师，又是卓越的企业家。

在现代商业世界里，马斯克有着强烈的使命感和个人英雄主义色彩。今天的硅谷，越来越多的年轻人开始以马斯克为榜样。他高大结实的硬汉外形十分符合美国主流审美标准，一改公众对企业家精明圆滑的刻板印象。马斯克和他的追随者们，也许会为硅谷和整个商业世界带来颠覆性的改变。纯粹的逐利主义将会被市场淘汰，高科技公司将会取代金融寡头成为人们奋斗的目标。

专栏5-11：特色各异的"硅滩"与"硅巷"

"硅滩"（Silicon Beach），是对洛杉矶地域创业社区的一个统称。这里是美国娱乐、时尚和旅游的中心。最近几年，洛杉矶创业圈可以以自信的姿态与硅谷一较高下了。好莱坞电影产业所在地的洛杉矶地区，以新兴硅滩赢得"创新之都"美誉，跻身于"全球二十大科学技术中心"之列。这里孕育着1.2万多家创业公司，以及9000多个独立投资人或机构。与硅谷相比，硅滩创业生态系统的城市根植性特征明显。硅滩拥有更为多元的城市文化。源于洛杉矶内生的城市产业转型升级需求，硅滩创业企业呈现出多样化的发展特点[2]。近千家创业公司大多都是围绕着3C，即内容(Content)、通讯(Communications)和顾客(Customer)模式打造。

---

[1] 参见阿什利·万斯：《硅谷钢铁侠：埃隆·马斯克的冒险人生》，中信出版集团2016年版。

[2] 资料来源：《硅滩：正在崛起的全球科技创业中心》，http://www.stcsm.gov.cn/xwpt/kjdt/546143.htm。

而名人 (Celebrities) 效应也是洛杉矶创业公司的一大特征。从 2016 年的融资数据看来，洛杉矶初创公司活跃的领域主要在软件服务、电商、数字媒体、手机、消费服务、广告、社交、游戏、健康医疗、地产、时尚等几个领域。拥有多元化的城市创业基因，集聚媲美硅谷的技术人才，发挥背靠大都市、临近硅谷的腹地优势，这些因素共同推动着硅滩的崛起。

"硅巷"（Silicon Alley）是大都市中心城区创业生态系统典范。位于纽约曼哈顿区，是有别于"硅谷模式"的一个无边界的高科技园区，拥有众多高科技企业群，据 Digital.NYC 网站数据库显示，截至 2018 年 1 月，纽约市共有 10080 家创业企业、234 个投资者或投资机构、105 家办公空间（包括联合办公）、122 家孵化器和加速器。近 10 年来，科技创业公司创造的新增直接就业岗位占纽约市总数的 58%，已成为纽约经济增长的主要引擎，被誉为继硅谷之后美国发展最快的信息技术中心地带。与"硅谷模式"不同的是，"硅巷模式"的创业者注重把技术与时尚、传媒、商业、服务业结合在一起，几乎将"科技"嫁接到了所有行业，如金融科技、教育科技、广告科技、健康科技等。值得一提的是，硅巷创业生态系统还推动着城市更新再造。如丹波等传统工厂区在不到 10 年的时间里完全转型为技术中心，集聚了 600 余家科技创业企业，高科技行业正在实质性地改变这些区域，刺激着新的发展。依托纽约完备的商业环境，嵌入式集聚发展轻资产高科技企业。拥有众多高科技和文化创意企业群。虽然不是传统意义上的科技园区，但它的创新气息使它成为风险资本投资的热土。这里涌现了包括互联网、新媒体、电信、软件开发、金融科技等行业的众多企业，形成了大都市中心城区独特的创业生态系统。

第五节　波士顿

如果说硅谷是全球创新事业大本营，那么在生物技术产业领域，大波士顿区则是当之无愧的全球枢纽。根据美国生物技术权威刊物 *GEN* 评比，2016年大波士顿地区压倒旧金山及纽约，在全球生物技术产业中稳居第一。全球开发中的新药5.5%在大波士顿地区。全球前20家制药公司有16家在此设据点，前十大医疗设备业者已全数进驻。据MassBio统计，波士顿所在的马萨诸塞州（以下简称"麻州"）生物技术产业雇员人数稳定增长，从2006年的46117人增长至2015年的63026人，10年间增长了37%。

大波士顿区是美国东海岸新英格兰地区的重要都市区之一，包括波士顿市、剑桥市、萨默维尔市、沃顿市和列克星敦市，这5个城市在城市形态和城市功能上高度融合。其中，剑桥市是蜚声全球的大学城（哈佛大学和麻省理工学院等4所高校的所在地），担当着大波士顿区的中央智力区和"创新心脏"的角色[1]。波士顿是美国仅次于硅谷的高科技产业城市，2015年高新技术产业公司雇员人数高达33.9万人，占整个区域雇员人数的13.3%。波士顿的核心产业为生物工程和软件工程。2016年华盛顿的著名孵化器1776发表报告，把波士顿评为最适合创业公司发展的城市。它综合考虑了6个方面，包括人才储备、投资机会、行业领域、城市密度、开放

---

[1] 屠启宇，张剑涛等：《全球视野下的科技创新中心城市建设》，上海社会科学院出版社2015年版，第41页。

程度、生活方式。最终，波士顿打败硅谷，位居排行榜之首。

经过30多年的飞速发展，美国环波士顿地区已成为全球最著名的生物医药产业创新中心。以基础研发为主导的产学研互动格局、不断涌现的创新型生物技术初创公司、汇集的大型制药企业研发基地、丰富的风投资源与成熟的资本市场运作，以及完善的创新创业生态环境共同构成了环波士顿地区获得成功的经验。

一、独树一帜的生物医药科技优势

美国著名公司仲量联行（JLL）下属生命科学分部发布了2018年美国生命科学展望报告，大波士顿地区以81.5分的加权分数毫无意外地获得榜首位置，成为享誉全球的生物医药中心[1]。

美国对生物技术行业的创投资金远远高于其他国家，并且就本国来说，高度集中在波士顿和旧金山两地，资金合计占据2/3以上[2]。NIH是美国最大的生命科学相关研究经费来源，据其统计，每投入1美元的研究经费，可为当地带来2.21美元的经济增长。2015年，NIH在全美共拨出229亿美元研究经费，波士顿就占据17亿美元，连续21年居全美第一。

大波士顿地区一直以来都被认为是全美生物医药公司最为密集的地方，共汇聚了2196家科研机构和企业，提供了90556个与生命科学相关的工作岗位。尤其是该地的肯德尔广场（Kendall Square），已经成为生物科技的代名词，被誉为地球上最具创造力的科技产业区。使波士顿成为全美生命科学技术领域的执牛耳者，极大地促进了波士顿的经济发展。

由于大波士顿地区特别是剑桥地区高校密集，学科多样交叉，众多生物制药公司不仅仅是美国本土的公司，更多的是来自世界各地，包括中国和欧洲的公司，以不同的方式、不同的地点和布局方式在波士顿地区存在

---

① 资料来源：仲量联行（JLL），《美国生命科学展望报告——2018》。

② 同上。

着，大公司在剑桥市最为集中，如扎根多年、总部在此的百健（Biogen），总部在此并在波士顿地区有多家分公司的健赞（Genzyme），在这里经营多年的还有瑞士的诺华、美国的辉瑞（Pfizer），刚从百特（Baxter）拆分出不久的百深（Baxalta），2018年将开始运营其研发中心的百时美施贵宝（BMS）以及收购了千禧药业的日本武田（Takeda）。毫不夸张地说，世界排名前二十的制药公司大多数不是已在波士顿地区发展，就是正在进军波士顿的路上。

二、高校支撑的产学合作创新特色

环波士顿地区医学医药领域一个最引人瞩目的现象，就是聚集了哈佛大学、麻省理工学院、塔夫茨大学、波士顿大学等40多所世界顶尖高校。根据《美国新闻与世界报道》（U.S. News & World Report）发布的2015年美国最佳生命科学研究院（Best Graduate Schools）排名，哈佛大学、麻省理工学院与斯坦福大学并列第一。根据英国高等教育调查机构QS排名，全球排名分居一、二的麻省理工和哈佛，都位于与波士顿只有一水之隔的剑桥市。全美154所顶尖大学，麻州就占10所，以人均数量来看，傲视全美。麻州共有125所大学从事生命科学相关研究。环波士顿地区还拥有全美著名的麻省总医院（MGH）、哈佛大学医学院、新英格兰医学中心等优质临床医学资源，以及众多在生命科学、分子生物学、新材料及化学等相关研究领域引领世界的优势学科群和实验室。以麻省总医院为首，全美前五大教学医院有4家在波士顿，前十四大教学医院有8家在麻州。

世界顶尖的大学、医院、生物技术初创公司和全球知名的大型制药公司的集聚，形成了天然的人才资源磁石，吸引来自全世界的顶尖精英。这里面包括：从事临床医学研究、基础研究以及创新研究的优秀科学家，掌握最新技术的熟练技术人员，以及理解、熟悉生物医学的高水平的新型项目管理和企业管理人才。与传统的管理人才不同，他们实际也在相当程度上参与创新研究，共同构成了创新的主体，保证了创新研究成果源源不断地产业化，实现其高价值、高效率的产出。这些大学、医院、科研机构高度集中在麻州时，便形成了创新研究的人才源头和信息沟通、交流的创新生态网络，也促进了这些资源的互动，碰撞出大量基础研究成果，同时还形成了引领当今医药领域最新发展趋势的研发模式"Bed-Bench-Bed"（BBB，即"临床—实验室—临床"的研发模式），也为全球制药企业巨头、初创公司与大学、科研机构间的紧密合作打下了坚实的基础，形成了以基础创新研发为主导和源头的新型产学研互动格局。

专栏5-12：麻省理工学院——波士顿的创新源泉

波士顿地区高技术产业区的迅速发展，从技术源头、产业的主要领导人、产业形成的种类等方面看，都与麻省理工学院（MIT）有着千丝万缕的联系，环波士顿地区高技术产业区以MIT为依托，不断创造新思想、新技术，将新技术转化为新产品。

MIT具有悠久的历史，它创办于1861年，第一任校长罗杰斯在建校之初就提出MIT应该是"科学与实践并重的学校"，提倡学生应该以应用科学知识武装自己，解决工业实践中的各种问题。MIT在美国工业起飞和发展的各个阶段都做出过重要的贡献，历史上，它曾经帮助过著名的通用电气公司、新泽西标准石油公司、杜邦公司等改进产品和技术，使美国许多产品和技术居世界前列；还帮助许多著名的工业大公司建立、发展了工业实验室，促进了美国工业的科学化、精确化，对提高产品的产量和质量、开拓新领域等方面的作用是不可估量的。第二次世界大战初期，MIT高速建成了雷达实验室，完成了雷达的设计、制造任务，保证了战时的急需。波士顿地区的支撑，即三大高技术产业——微波、计算机、生物技术的源泉都来自MIT的实验室，或与MIT有密切关联，现代许多新型技术如雷达、声呐、引擎、导弹、遥测遥控、计算机、软件工程、人工智能、卫星通讯和摄影、生物技术等都来自MIT。而MIT人才的集聚，产生"集聚效应"，近年来MIT每年获取的专利数都在百项以上，学校不仅注意培养学生成为科学技术专家，还力图把学生培养成"工业界的领军人物"，从MIT毕业的大学生，毕业之后进入工厂、实验室，像波士顿地区的很多大公司如DEC、Lotuo等都是由MIT校友主持的。据波士顿银行2016年统计，在麻州有636家公司是由MIT校友创立的，占全部公司创始人的1/5还要多。MIT供应了麻州内绝大多数的电机和计算机专业的博士及半数以上的硕士。因此，可以说MIT就是波士顿地区高技术产业区的灵魂。

三、日趋完善的生物医药创新环境

在这一波美国生物科技的崛起过程中，美国联邦政府和麻州政府的角色至关重要。它们对新创公司的扶植不仅仅给贷款或政策优惠，更重要的是建立共同实验室，使之成为将梦想化为现实的强力后盾。如设在麻州大学波士顿分校的风险创业发展中心（Venture Development Center，VDC），是由麻州州政府和联邦政府出资800万美元打造的。这里可以帮助创业者在起步阶段专注研究、节省成本、吸引投资、扩展人际网络、接受专业技能指导，直至最终发展成实际产品。自2009年VDC成立以来，协助培育了约60家新创公司，其中75%至今依然活跃[①]。2007年，时任麻州州长的帕特里克（Deval Patrick）宣布斥资10亿美元成立麻州生命科学中心（MLSC），成为促进麻州生物技术产业发展的推手。过去10年来，MLSC投资协助麻州大学兴建研究大楼，补助麻州小镇佛雷明翰（Framingham）投建生物医药产业的废水处理系统。更在麻州各地投建多家孵化器，包括2013年投资500万美元成立的LabCentral，就位于麻省理工学院附近，如今已是全美最成功的孵化器。

环波士顿地区的各州政府纷纷通过"有加有减"等方式大力扶持生物医药产业发展。例如，2008年麻州提出了一项10年10亿美元的生命科学投入倡议，目标是加强其在生命科学领域的国际领先地位；再如，各州政府对企业研发投入实行税收减免等利好政策。同时，通过坚持"宽严并举"的方式，既为企业提供简单而高效的行政服务流程，又从严实施环保治理措施，从而打造了生物医药产业发展既宽松又严格合理的良好生态环境。哈佛、麻省理工等著名大学、医学院、研究型医院及其他研究机构的集聚，政府给予了大量资金与政策支持。波士顿成为NIH资助最多的城市。

---

① 陈文茜：《波士顿肯德尔广场，全球最具创新的一平方英里》，http：//www.sohu.com/a/108362642_169108。

据美国国家学院和大学商务办公室联合会（NACUBO）与非营利性组织发布的捐赠基金研究报告显示，在10所获得最多捐赠的美国大学中，哈佛大学与麻省理工学院占了两个名额。2015年，哈佛大学捐赠基金较前一年增加了5.6亿美元，达到364.4亿美元，这笔基金比近100个国家的国内生产总值（GDP）还要高。麻省理工学院的捐赠基金则增加了10.4亿美元，达到134.7亿美元。

不仅如此，政府还为属于生物技术产业的企业提供多种税收鼓励政策、融资途径和补助金等，主要包括：帮助落户波士顿和在波士顿拓展业务的企业削减商务成本，帮助符合相关标准的生物科技企业获得奖励金，提供高风险资金帮助企业在波士顿建立中小型研发和制造基地。当地政府还成立了一个"麻州新兴科技基金"，旨在帮助科技型企业建造新设施。例如，2016年2月，美国通用电气宣布总部搬迁至波士顿。光是此举，就能从麻州政府获得多达1.2亿美元的补助，从波士顿政府获得2500万美元的地产税优惠、100万美元的劳工培训补助、500万美元的研究机构及大学培养补助。

四、炉火纯青的科技创新资本运作

波士顿是美国历史极悠久的城市，其金融业与保险业的发展在美国历史久远，发展至今也相对完善。如今波士顿已经拥有上百家银行以及金融、保险、信贷机构，其金融系统的发达程度虽然不及纽约，但成为了美国东海岸十分重要的金融中心，以及美国最大的基金管理中心。完善的金融系统确保了发达的信贷体系在波士顿得以建立，为在此成立的企业提供了较为丰富的集资手段与十分充足的资金支持，也为企业提供了更多的机会和更多收益的可能性[①]。

---

① 高维和：《全球科技创新中心：现状、经验与挑战》，上海人民出版社2015年版，第507页。

除了金融、保险业的基础完善，波士顿的风险资本也相当丰富。波士顿地区有40余家专门从事高技术风险投资的公司，100多名专门投向初创科技企业的天使投资人，超过10个天使投资联盟。2016年，波士顿地区在生物技术领域获得10亿美元风险投资，占到了当年全美该领域风险投资总额的18.1%；医疗设备方面，波士顿成为风险投资的中心，企业共获得3.7亿美元风险投资，占行业风险投资总额的15.8%，位居全美第一[①]。汤森路透评选出的2015年美国生物科技风险投资机构TOP100排行榜，前五名风投机构中，有4所来自波士顿。正是在风险投资推动下，波士顿的科技成果转化效率、中小科技企业成长速度都遥遥领先于美国其他城市。波士顿的风险投资公司有着创新性的投资方式，它们从不干等着创业项目找上门来，而是主动参与创建新创公司，直接把大学的科研成果落地，这种方式不仅大大减少了投资成本，更提升了投资的成功率。同时，当地成熟的投资理念，项目遴选、孵育机制和项目及企业管理机制，为波士顿生物医药产业的发展保驾护航。

专栏5-13：美国波士顿128公路模式

128公路是美国麻州波士顿市的一条半环形公路，修建于1951年，距波士顿市区约16千米。现在128公路沿线两侧聚集了数以千计的从事高技术研究、发展与生产的机构与公司，是世界上知名的电子工业中心。128公路地区发展高科技的成功经验主要有两条：一是有足够的资金来源，国防投资对该地区的发展起了十分重要的作用；二是政府的有力支持。

128公路地区的发展，与波士顿的大学有着密不可分的关系。大学教授、研究人员，乃至在校学生创办高科技企业、技术入股、公司兼职蔚然成风。麻省理工学院对128公路地区的科技发展影响最大，128公路两旁高技术产业区内的公司，有70%是麻省理工学院的毕业生创办的。第二次世界大战期间美国对军品研制和订货的需求使该地区有了一个较大的发展。战后，当时美国联邦政府为了冷战和空间军事竞争的需要，

[①] 马丁繁荣研究所（Martin Prosperity Institute）：《2016年美国五大产业风险投资报告》。

投巨资进行军事技术开发，大部分资金落入128公路附近的公司和麻省理工学院实验室手中。整个20世纪60年代，在联邦政府巨额研制资金和军品订单的强有力支持下，128公路地区的创新活动极其活跃，发明层出不穷，新的公司不断涌现，各种不同性质的实验室、一些新型中小企业和老牌公司的分支机构纷纷在此落户。

自20世纪80年代以来，128公路地区开始日显僵化，不求进取，发展速度放缓。冷战结束后，随着军品订单和军事开支的减少，128公路地区顿时面临严重衰退，曾在80年代以DEC、WANG及DataGeneral等大型电脑带领电脑科技业的波士顿，经历了市场转向小型个人电脑的巨大冲击，开始落后于硅谷。

但128公路地区并未就此一蹶不振，而是凭借人才优势，发展高新技术产业，进行经济结构调整，近年来又重新焕发了活力。20世纪90年代，以高校等研究机构为基础衍生的生物医药产业、健康服务产业异军突起，128公路地区正式成为全美著名的生物技术走廊。坐落在美国麻州大波士顿区剑桥市心脏地带的肯德尔广场，被一些投资者看作是生物工程"硅谷"的雏形，这里被称为全球最具创新的1平方英里（约260万平方米）。近年来，这里迅速蜕变成国际级生物科技重镇，方圆1平方英里之内集结了超过百家大大小小的生物科技公司。其中大多数都与麻省理工学院和哈佛大学密切相关，汇集了诺华、辉瑞、百健、健赞等多家知名企业。

凭着过去长期累积起来的经验，依托65所大学的培训能力，128公路地区已成为全美最大的健康研究中心。以波士顿为中心的新英格兰6州是美国最重要的生物工程、保险和医疗服务、电子信息、航空航天设备基地之一。

第六节　东　京

　　战后初期，日本在科技领域是资本主义世界的"差等生"，在众多技术领域都与欧美各国存在着明显的差距。然而，就是这样一个国家，很快地恢复了经济并实现了20世纪五六十年代的经济高速增长，创造了举世瞩目的"日本奇迹"。究其原因，固然有很多，但科学技术无疑是日本创造经济神话的重要动力。

　　第二次世界大战结束后，日本开始大量引进技术，进行赶超，随着日本经济大国地位的确定，日本步入了科技大国发展之路。经过20世纪中期的高速经济增长，1986年日本GDP超过联邦德国，成为西方仅次于美国的经济大国。然而，要成为科技大国，仅仅通过技术引进是实现不了的，充其量只能成为技术强国。必须在发展技术的同时加大对科学研究的重视程度，即重视基础研究。为此，日本于20世纪80年代初提出了"技术立国"发展战略，并通过制定科技创新政策与科技立法支持、保障和推动科技创新，逐渐形成了一套较为完善的科技创新体系，从国家科技发展战略高度提高了基础研究的重要性。20世纪90年代初泡沫经济崩溃后日本经济陷入长期停滞，"失去了宝贵的10年"，面对这种局面，日本政府及时发挥了主导科技发展的作用，在1995年提出了科技创新立国战略，制定了《科学技术基本法》，并且从1996年开始实施《第一期科学技术基本计划》。进入21世纪之后，随着IT立国战略、知识产权立国战略、生物技术立国战略、观光立国战略、投资立国战略、环境立国战略、创新立国战略的确立和实施，日本科技创新立国战略不仅有了新的要求和内容，而且内容和领域也更加具体和明确。日本在生命科学、新能源、新材料等高新领域发展迅速，成就斐然。这样一来，日本在科技领域就从战后资本主义世界的"差等生"，迅速成长为当前的"尖子生"，成为了名副其实的科技大国[①]。

国际权威研究机构汤森路透发表了2016年全球企业创新排名TOP100，日本以34家企业入榜位列第二，仅次于美国的39家。2017年福布斯全球企业2000强中，英国91家、法国60家、德国51家，日本企业有229家，超过英、法、德之和。*The Economist*发表2015年国家创新质量（Innovation Quality）报告，日本位列世界第三。根据联合国旗下的世界知识产权组织（WIPO）公布的2015年国际专利申请数量统计，美国居各国之首，日本的专利申请量44235项，位居第二。

专栏5-14：日本"诺奖计划"

2001年，日本在第二个科学技术基本计划中提出，应在以诺贝尔奖为代表的国际级科学奖的获奖数量上与欧洲主要国家保持同等水平，并在此后50年内获得30个诺贝尔奖，此构想即为著名的"诺奖计划"。

日本政府提出这一目标旨在传递如下信息：一是重视和扶持基础学科，特别是自然科学的基础性研究；二是研究机构的科技交流与成果推出应更加国际化，以获得国际承认为重要目标之一；三是必须确保在主流学科方面的世界领先地位，而诺贝尔奖显然是重要指标。在"诺奖计划"提出的17年里，日本共有15位（不含两位美籍日裔）科学家获得诺贝尔奖，且全部为自然科学奖，令世人惊叹。

在21世纪之前，日本只有5位诺贝尔科学奖获得者。而自2001年"诺奖计划"实施以来，日本仿佛按下了快进键，几乎每年一位科学家获得诺奖殊荣，在诺贝尔科学奖获奖总人数国家排名中，日本居亚洲首位，世界第五位。

基础研究是创新的源头，也是诺贝尔自然科学奖的主阵地。为提高基础研究水平，日本政府投入了大量的资金，也使得日本的科研人员数量大幅增加。2015年达到86.7万人（全时研究人员约68.3万人），排名中国、美国之后，位居世界第三。值得注意的是，从每万名劳动力人口中研究人员的数量来看，日本长期占据世界第一。

在创新全球化趋势加剧的今天，世界性的科技创新中心已突破了某

---

① 季风：《日本科技发展研究》，东北财经大学博士论文，2012年，第1页。

个科技园区或某座城市的地理界线，更多地体现为一个"大区域"的概念，具有科技先导性、产业带动性和经济辐射性。通常是以一个或几个创新型城市为核心，与周边一些开放度高、有产业配套和技术吸纳能力、创新要素和产出密集的城市群组成[1]。例如，美国东部的创新集聚区128公路周边有波士顿、纽约和费城等大都市为支撑；东京周边有埼玉、千叶、神奈川、茨城等多县组成的日本东京都市圈。东京都市圈经历了从"一极集中"转向"多核心、多圈层"空间布局的过程，成为全球屈指可数的世界级大都市圈，其多年形成的都市圈发展模式和"大城市病"治理经验对北京建设都市型科技创新中心有较大的借鉴意义。

专栏5-15：东京都市圈的发展历程[2]

东京几乎是从战后的废墟上重建而成，在不到半个世纪内发展成为日本政治、经济、文化、教育和科技创新中心，也成为与伦敦、巴黎、纽约齐名的世界城市，并带动了整个日本首都圈的繁荣。东京都市圈发展和治理的借鉴意义，不仅在于它已达到的领先规模和发达水平，更在于其集约化、多核心的发展模式和政府主导型的治理机制（这不同于传统的欧美大都市区），还在于其饱经日本经济和社会跌宕起伏的历史演变而始终保持较强的国际竞争力。

真正以都市圈模式开始发展始于战后复兴阶段的20世纪50年代初。都市圈的发展主要经历了3个历史时期，并表现出各具特色的发展特点，最终形成了当前"多核心、多圈层"的区域空间结构和高度互补的城市功能布局。

从1950年开始，日本经济逐渐复苏，城市重建步伐加快，产业结构开始发生变化，出现了大规模制造业的空间集聚，大量的农村人口开始涌入城市，政府机关、公司总部和商业服务机构等在东京聚集。这一时期，东京地区的经济发展特征主要是以资本密集型制造业为主导。在20世纪60年代初期，其城市人口超过1000万，重工业、化工产业等占据整个制造业的半壁江山。20世纪80年代初期，随着东京产业结构的升级和人口的高度集聚，越来越多的跨国金融机构将总部设立在东京。到了20世纪80年代后期，东京已成为一个规模庞大、功能齐全的国际金融中心。自此，东京由全国性经济中心开始逐渐地向国际化大都市转型。至此

---

① 熊鸿儒：《全球科技创新中心的形成与发展》，《学习与探索》，2015年第9期。

② 张军扩：《东京都市圈的发展模式、治理经验及启示》，中国经济时报，2016年8月19日。

东京都市圈不但形成、发展起来，而且成为闻名世界的五大都市圈之一。

到目前为止，东京已经形成了7个副中心。许多外来人口不一定到中心城区就业和生活，而是选择在副中心就业、发展和生活，极大地缓解了中心城区来自人口、交通、住房、就业、环境等多方面的压力（见下表）。

东京中心、副中心的主要功能定位

名称	主要功能定位
东京中心	政治经济中心、国际金融中心
新宿	第一大副中心，带动东京发展的商务办公、娱乐中心
池袋	第二大副中心，商业购物、娱乐中心
涩谷	交通枢纽，信息中心，商务办公、文化娱乐中心
上野—浅草	传统文化旅游中心
大崎	高新技术研发中心
锦系町—龟户	商务办公、文化娱乐中心
滨海	面向未来的国际文化、技术、信息交流中心

一、科学完善的政府创新规划

东京都市圈的发展，属于典型的政府主导型发展模式。政府为加强规划和疏解城市功能，分别于1958年、1982年、1987年实施"副中心"（即新宿、涩谷、池袋）城市发展战略，增强副中心城市功能，以便承担和疏解核心城区的部分功能。通过多年发展，东京形成了"中心区—副中心—周边新城—邻县中心"的多中心、多圈层、均衡化、宜居低碳的城市群格局。与纽约、伦敦等大都市不同，东京在第三产业迅速发展的同时，仍是日本重要的工业城市。东京都市圈中，东京作为中心城市，其主要功能是对整个城市群体的政治经济活动实行统一、集中的管理，其他城市的活动则是在中心城市的统一规划下展开的。这些次核心城市，在一定程度上减轻了工业过度集中带来的住房紧张、交通拥挤和环境污染等诸多问题。东京都市圈的职能分工既明确又紧密联系，各个创新主体（即企业、大学或科研机构、政府、中介机构和金融机构）在相互学习与协同创新的过程中，建立起相对稳定、能够促进创新的、正式或非正式的网络关系，为东京的科技创新发展提供了良好的系统环境和支撑。

二、协同发展的产业创新布局

东京都市圈在发展过程中，非常注重构建合理的产业空间布局。通过合理布局，不仅有助于疏解中心城区的功能和人口，而且形成了现代服务业和制造业有机联系、协调发展的空间关系，能够极大地促进产业体系的良性发展。东京通过实施《工业控制法》，将劳动密集型产业和重化工产业疏解到郊区、中心城镇以及国外，缓解东京城市资源能源以及环境压力。对一定规模以上的工业、大学等新增项目进行控制，在城市中心区域大力发展知识密集型、资源集约型、技术密集型产业。科技创新型、都市服务型产业得到大力发展，在减少人口总量的基础上带来经济的振兴和繁荣[①]。

专业分工、错位发展是东京都市圈产业空间分布的明显特征。东京都市圈经济带在产业空间分布上表现为集群发展模式。在中心城区的综合性商务中心或郊区的专业化商务中心集中发展高端生产性服务业，形成相互协作的多核心结构，在接近外围市镇或新城的近远郊地带，选择高速公路沿线或港口地区，依托大学城、科技园区、产业园区等发展现代制造业和高新技术产业。东京中心城区则强化高端服务功能，重点布局高附加值、高成长性的金融业、服务性行业、奢侈品生产和出版印刷业，在城市南部，依托东京大学建设了产学研一体化的研发基地；在东京近郊的多摩地区打造"多摩硅谷"，实现研究产业化，在埼玉县发展田园都市产业。东京从20世纪60年代至70年代经济高速发展时期，就开始实施"工业分散"战略，将一般制造业外迁。这种"工业分散"战略既解决了东京大都市的过度膨胀问题，又促进了外围地区工业的发展。这些外迁的制造业主要

---

① 张军扩：《典型首都城市建设和治理的经验启示》，中国经济时报，2016年8月19日。

迁移至邻近的投资环境较好的京滨、京叶工业区，以京滨、京叶工业区为核心的东京湾沿岸成为日本经济最发达、工业最密集的区域，工业产值占日本全国的40%，GDP占日本全国的26%。京滨工业区也是东京都市圈的产业研发中心，集聚了许多具有技术研发功能的大企业和研究所，主要有NEC、佳能、三菱电机、三菱重工、三菱化学、丰田研究所、索尼、东芝、富士通等。庆应大学、武藏工业大学、横滨国立大学等高校也位于这一区域，大学与企业开展科研合作，努力实现大学科研成果的产业化，建立专业的产学研协作平台，形成富有竞争力的创新体系。

如今的东京都市圈以对外贸易、金融服务、精密机械、高新技术等高端产业为主，石油、化工、钢铁等重化工业则全面退出，是日本最大的金融、商业、管理、政治、文化、科技创新中心，日本30%以上的银行总部、50%销售额超过100亿日元的大公司总部均设在此处，被认为是"纽约+华盛顿+硅谷+底特律"型的集多种功能于一身的世界大都市圈。

三、便捷通勤的交通基础设施

东京都市圈是全球范围内规模最大的都市区，且拥有全球最复杂、最密集且运输流量最大的铁道运输系统和通勤车站群，是世界大城市中轨道交通线路最长的，轨道交通密度已超越纽约、伦敦等世界性城市。

发达的交通网络设施是东京都市圈科技快速发展的重要支撑。交通网络的发展对产业空间演化具有重大的影响，一方面促进了都市圈空间扩展并改变着外部形态，对当地空间扩展具有指向性作用；另一方面直接改变着东京都市圈经济带的区域条件和作用范围，产生新的交通区位优势，进而改变原有的东京的产业空间结构。

东京的科技创新发展，依托复合型的交通通道，集中各副中心的创新资源，连成一个产业联动、空间联结、功能贯穿的创新圈，建设成为日本科技创新的核心区。城市地下轨道交通线有14条之多，再加上国铁JR的山平线（包括过境铁路，如京滨东北线、中央线、总武线等）和各类轨道交通线，形成了由新干线、轻轨、地铁等多种交通方式构成的总长约2865千米的区域一体化轨道交通网络，轨道交通占公共交通分担率高达90%。

四、独具特色的人才培养机制

东京政府一直重视创业教育，形成了以政府、产业界、教育界和社会为主导，从不同方面创造条件培养创业型人才的局面。根据东京教育委员会2013年的统计，东京云集众多大学，总数多达440所，其中国立大学8所、公立大学195所、私立大学237所。全日制工科专修大学有18所，商科12所。自20世纪90年代中后期起，日本针对产业、政府、大学协同合作创新及大学生创业等方面出台了各种鼓励政策，促进大企业研究机构与政府研究机构等向市场开放，促进大企业与中小微企业的战略合作，共同构建开放式的创新生态系统。在政府方面，文部科学省、厚生劳动省、经济产业省将创业教育作为学生教育、劳动就业和国家发展的重要内容；在产业界，企业为学生提供"风险资金"和"实习基地"，与大学联合设计创业型人才培养和实施方案，规划创业教育课程，编写创业教育教材；在教育界，各大学一方面开设广泛的创业课程，结合本校特色制订创业计划，并建立与企业的双向交流制度，另一方面加强创业基础设施建设，包括设立创业辅导机构、完善创业孵化器等，提升创业教育质量；在社会方面，一些中介机构、财团基金提供创业经费资助，保障政产学研联合培养创业型人才的顺利实施。

顶尖科学家队伍可加速科技创新中心的建设以及提升科技创新中心的国际认可度。截至2017年，东京的科研人员在菲尔兹奖，诺贝尔物理学奖、化学奖、生理学或医学奖等国际大奖中获奖人数超过20人。其中不少人就职于东京大学等名校。东京的大学之所以能孕育出全球顶尖的科学家，关键在于注重学术环境与学术氛围的营造，人才考核强调社会贡献。大学很少对教师提出严格的考核指标，论文发表、科研经费等方面均不做考核，研发人员、教师一般能在宽松的环境下发挥学术创造力。例如，东京大学理学部专门制定了鼓励科研成果广泛应用或服务于社会的规章制度，将科研成果的转化情况以及对社会的贡献程度作为评价教师绩效的重要指标①。

专栏5-16：东京大学创新教育课程②

　　东京大学为了长期系统地培育创新创业人才，孕育创新精神的校园文化，从2005年起开设了"创业者道场"。"创业者道场"不区分本科生、硕士生和博士生，对所有的东京大学学生一同开课。课程由东京大学产学联合本部联合东京大学风险投资股份有限公司、东京大学TLO股份有限公司共同开设。因此，主讲老师主要是由企业家、投资人或者具有丰富实践经验的老师组成。

　　东京大学的创新创业课程安排具有针对性与连贯性的特点。"创业者道场"每年从4月份开课，学生通过"初级""中级""高级"课程的学习，从创业的意义、发现商机、探寻客户需求、开发产品、撰写商业计划书到创立组织进行逐步学习和体验创业过程。

东京大学的创新创业课程③

课程	时间	内容
春季课程（初级）	4月至5月	基础讲义、特别研修班
夏季课程（中级）	6月至7月	"从零开始的商业计划书讲座""从零开始的编程集中营""创意马拉松""黑客马拉松"（在"创意马拉松"与"黑客马拉松"中胜出的队伍，无须参加下学期的考核）
秋季课程（高级）	9月至11月	"商业计划书比赛"（以团队的形式申请，通过申请书审核来选拔）
冬季课程	12月至次年3月	"海外派遣项目"：在北京大学参加集中营训练与比赛；"Trade Show of South by Southwest"参展
创业体验入门课程	5月至7月	创业体验课程（由教养学院开设，一般是周日半天时间）
冬季特设课程	10月至12月	面向工科的研究生开设"创新与企业家精神"英语课程

---

① 高维和：《全球科技创新中心：现状、经验与挑战》，上海人民出版社2015年版，第65页。

② 潘燕萍：《从"自上而下"向"创业本质"的回归——以日本的创新创业教育为例》，《高教探索》，2016年第8期。

③ 资料来源：根据东京大学产学联合本部主页提供的信息制作而成，http://www.ducr.u-toky-o.ac.jp/jp/venture/dojo/。

从课程设置来看，东京大学的课程内容具有很强的实践性，让学生在实践中学习，在学习中实践。学生并不是从创业学的基础教程中学习，而是从创业者、风险投资家等创业导师中学习创业经验和最新的创业动向。大部分高校课程以"商业计划书比赛"作为结束。而且，东京大学继续帮助优胜项目孵化。学生通过优秀项目团队之间的深入交流，加深对项目、创业的理解。同时，在"黑客马拉松"课程、"商业计划书比赛"的审核中，产品成熟度较高、具有创新性和商业价值的队伍将会被派遣到美国得克萨斯州参展"Trade Show of South by Southwest"，与世界各地的投资者、企业家、技术人员交流，进一步推动产品的孵化。

以东京为核心的日本东京都市圈，从战后的传统工业城市群逐步转变为现代科技化的特大型都市创新中心，树立了别具一格的"东京模式"——"工业（集群）+研发（基地）+政府（立法）"的深度融合，使得东京成为制造业基地、创新中心、金融中心、信息中心、航运中心、科研和文化教育中心及人才高地。

第七节　筑　波

　　20世纪60年代，日本开始从"贸易立国"转向"技术立国"，从强调应用研究逐步转向注重基础研究。日本政府为了发挥科研资源的集聚优势，创造适宜的研究和教育环境，同时缓解东京城市压力，实现城市发展由"单级"向"多级"转变，主导建设了筑波科学城。科学城位于东京东北约60千米处，自1963年开始建设。1974年，日本政府开始将所属9个部（厅）的43个研究机构，共计6万余人迁到筑波科学城，形成以国家实验研究机构和筑波大学为核心的综合性学术研究与高水平的教育中心。为了扩大筑波的国际影响，日本政府还专门举办了筑波世界博览会，有力地促进了科学城的对外交流和城市建设。目前，筑波科学城集聚了日本全国约30%的公共科研机构以及众多私立研发机构，拥有的科研机构和各类企业总数超过300个，发展成为国际化的科研中心，是日本科技发展的骨干力量。

一、政府主导的科技创新特色

　　筑波科学城发展的最大特点就是政府主导。政府在科学城建设过程中的主导作用体现在以下3个方面：

　　（一）日本政府直接介入整个筹建过程，包括科学城的选址、人力筹措等。日本内阁通过建设筑波科学城的决议，明确城市的基本性质、功能、建设方针和措施，购买大量的城市建设土地来建设筑波科学城。

（二）科学城的形成机制。筑波的形成和发展，完全靠政府指令，从规划、审批、选址到科研等整个过程和运行完全是政府决策，连科研机构和科研人员也都由政府从东京迁来，各种设施都需经行政审批配备，私人研究机构和企业也由计划控制。规划和主管的都是国家最权威的机构，使得科学城的建设和搬迁得以顺利进行。

（三）政府投资。日本政府投入数目庞大的经费把30%的国立科研机构搬迁到科学城内，而政府主导的先天优势亦使得筑波科学城不断获得国内多项法律法规的支持。到1998年，累计财政预算经费达到2.3868万亿日元。筑波科学城建设预算在2004财政年度超过2.5万亿日元，同时享受日本开发银行、北海道东北开发公库的低息贷款。

由于筑波科学城内是以国有企业及其所属研究机构为研究主体，公司机构与下属单位的垂直领导关系直接导致科研体系存在过度垂直化的倾向。科学城因此缺乏创新体制，研究成果产业化与商业化程度也相对较低，与市场机制存在严重的脱节现象。意识到这些问题后，日本政府在20世纪90年代通过"新筑波计划"，在原有规划的基础上把筑波科学城推进到再创发展阶段，并从科学城的制度、运行机制等多方面进行调整，将筑波科学城重新定位为"科学技术中枢城市、更广域范围都市圈内的核心城市和生态、生活、模范城市"。政府开始积极引导科学城与国外先进科学技术研究人员和机构进行交流，改变以往相对封闭的操作体系。在提升科学城的科技研究、技术创新成果的同时，政府继续深化与完善当地城市功能，并且通过最大限度地保留当地的自然风光，使筑波逐步发展成为舒适宜居的科学城[①]。

---

① 上海科学技术情报研究所，上海市前沿技术研究中心：《全球科技创新中心战略情报研究——从"园区时代"到"城市时代"》，上海科学技术文献出版社2016年版，第78页。

二、面向需求的科技创新规划

日本政府先后5次调整了筑波科学城的总体规划纲领，采用了分步建设的长远发展框架。一期只开发研究学园区，面积约为27平方千米，但同时划定出接近研究学园区10倍面积（257平方千米）的周边地区，用于城市未来的辐射式扩张。依据总体规划，以国家实验室为主的基础研究机构统一设在研究学园区，周边地区用于设立私立研究机构。

以需求为导向。紧密围绕需求是日本政府规划筑波科学城的主体思路。初期的首要需求是聚集科研资源，疏解首都的人口和资源压力，于是重点建设研究学园区。园区内开发建设了住宅、商业、金融、娱乐、餐饮、百货零售等一系列配套设施，都是为了确保任职于国家级教育和研发机构的工作人员搬到筑波后也能享有宜居的环境。具备一定建设基础后，筑波科学城的发展需求发生了变化，一是需要摆脱对东京的长期依赖，二是要应对环境和气候变化带来的挑战。于是日本政府根据《筑波科学城建设法案》修改规划，把21世纪的筑波科学城定位为科研中心、自给自足的核心城市，以及与周边乡村和自然环境协调发展的生态模范城，并根据规划开始建设研究学园区的周边地区。

因地制宜规划产业。美国硅谷的成功，曾使许多国家和地区效仿其发展电子信息业。日本政府没有简单模仿，而是综合考虑了地区条件，结合国际发展前景，确定筑波科学城主要发展高能物理、生命科学、材料科学等领域，要跨学科集成化工、机械、电子、气象和环境等产业的优势，逐步形成具有国际竞争力的高新技术产业。

多功能空间布局。在空间规划方面，日本政府兼顾了筑波的科学城定位和城市功能，把研究学园区划分成5个区域。中心位置建公共设施区，发挥商业和服务功能；围绕在其周围的分别是文教研究区、理工研究区、建筑研究区，以及生物和农业研究试验区；此外，还集中规划了住宅区。明确的功能分区为各领域科研机构的布局提供了依据。例如，电子技术综合研究所位于理工研究区，是全国研究开发电子技术最大的基地。这也便于促进科研资源共享和科技交流活动。

三、筑波大学的科技中枢作用

筑波科学城是日本的知识和研发中心，日本政府规划建设了筑波大学，目的是通过一所科研实力雄厚的综合性大学来充当知识创新的纽带。在科学城发展过程中，这一举措十分奏效。筑波大学位于研究学园区的中心地带，学校设有信息和接待中心，促进了研究人员的沟通联系，强化了城内各科研机构的合作。

革新学术组织制度，构建大学内部协同创新生态环境。筑波大学改变"过去的大学往往陷于狭隘的专门领域，造成教育和研究两个方面趋于停滞和固定化，以致脱离现实社会"的倾向，提出取消教学研究合一的学部、讲座制，而设置二者分开的学群（学类）、学系制。学群犹如小型综合性大学，用来促进学科的综合与协同，而学系犹如传统的单科大学，主要用来适应学科的分化与新生，因此，学群和学系组织相结合犹如"若干小型综合性大学加上单科大学的联合体"。筑波大学还创立了有别于传统大学研究所模式的"特别课题研究组织"，这是一种有期限的组织形式，一般在 5 年左右，通常围绕一个课题而设置，课题研究结束该组织便宣告解散，这些研究组织的主要任务是进行科研，实行研究与教育分离的模式，主要目的是提高科研的效率。与以往固定化的研究组织相比，这样的体系克服了知识结构化、缺乏朝气、效益差的弊端；以研究课题为中心，成员有行业针对性，按知识需要变化，有生机有攻关能力，容易出成果，对提高教师科研能力，培养创造创新型人才极为有益。短短数年间筑波大学一跃成为世界著名学府，多任校长和教授曾经几度摘得诺贝尔奖[①]。

---

① 丁建洋：《筑波大学协同创新模式的逻辑建构及其运行机制》，《外国教育研究》，2015 年第 12 期。

四、怡然自得的科技创新环境

遵循生态理念，强调和谐发展。日本政府在规划筑波科学城时，明确了人与自然和谐发展的宗旨，通过保护自然环境和历史遗产，使科学城的居民能够享有健康和文明的生活。这种理念也从科学城的选址中得到印证。日本政府选择的筑波地区，北倚关东名峰筑波山，东临日本第二大淡水湖霞浦，境内还有多条河流穿过，更以水绿一体的绿色回廊闻名于世。筑波科学城被称为人和绿色共存的田园都市，是世界上典型的生态型科学城。

重视基础设施建设，利用大事件助推。筑波科学城建设初期，日本政府大力投资建造基础设施，以解决城市功能不全、生活不便等问题。科学城内建有长途汽车站、泊车大厦等配套设施。周边的道路系统由3条南北向的国家级高速公路和6条东西向的干道组成，构成通达的交通网。日本政府还在围绕首都东京的城际快速路上建设了2个立交匝道，连通了筑波到东京的快速路。筑波快线铁路建成后，1小时直达东京。基础设施建设投资大、周期长、成本回收慢，筑波科学城也遭遇了同样的问题。日本政府巧妙借助举办1985年筑波世界博览会的契机，集中大量资本，在短时间内建成了水电、通讯等一批市政基础设施，以及会展中心等重要的交流设施。

完善配套设施，打造前沿创新据点。在完成"量"的积累后，筑波的城市建设转而寻求"质"的提高。科学城增建了筑波中心大楼、会展中心、公共图书馆、文化中心、艺术博物馆等建筑。这些建筑不但营造了美观的城市环境，还能增强居民的认同感和归属感。科学城拥有约1/3的国家科研机构，通过发挥运用日本最大规模的科学技术集聚效应，形成引领世界的前沿科技研究及创新据点。此外，筑波还通过从国内外积极吸引青年研究学者和留学生，培养和提供未来科技以及产业所需人才。科学城积极推动未来尖端科技成果的产业化，围绕纳米和机器人等技术，培育高新科技产业集群。2011年，筑波被日本政府指定为国际战略综合特区，当地政府计划利用这一机遇进一步放宽规章限制，加强产学研合作，推进产业振兴。筑波提出了"面向未来推进全球化创新"的口号，以谋求实现"生活创新"和"环保（绿色）创新"为主导，通过"新一代癌症治疗技术""生活支援机器人的实用化""藻类生物能源的实用化""打造世界级纳米技术基地""新药品和医疗技术研发""核医学检查药剂国产化""打造机器人医疗器械和技术的生产基地"七大领域目标，努力拓展筑波科学城的未来发展。

专栏5-17：筑波打造机器人之城

1985 年 3 月至 9 月，国际科技博览会在日本筑波科学城举办，这是日本举办的第三个世界博览会，主题是"人类、居住、环境与科学技术"，主要目的是加强国际的科技交流与合作，反映 21 世纪科学技术的发展方向。这届博览会也被称为机器人的盛会，会上展示了由日本、美国、瑞典等国机器人公司研制的十几种机器人。博览会使筑波作为科学城在国际上声名大噪，也奠定了筑波打造机器人之城的基础。

筑波大学拥有日本最好的机器人专业，世界顶尖的智能机器人研究中心 Cybernics 就坐落于筑波市。在人口老龄化严重、出生率降低、人口减少等社会现象日益严峻的情况下，日本期望利用机器人技术来解决这些问题。如高楼清洁机器人、老年人辅助用餐机器人等已逐渐进入日本人的生活。

机器人产业有望在筑波取得不断发展。2016 年，日本一家公司专门花费 5468 万美元，在日本筑波市附近买了一块面积 84057 平方米的土地，用于建造一座机器人之城。在这座城市里，机器人将参与到包括医疗、工业、农业在内的各行各业当中，代替人类完成所有的基础工作。公司负责人表示，这座机器人之城将赶在 2020 年东京奥运会之前亮相。

五、发展中面临的主要问题[①]

（一）基础研究成果未能面向市场

筑波科学城主要以基础科学研究为主，大多研究机构的研究活动主要

---

① 迟强、张涛等：《筑波科学城建设发展对于怀柔科学城的启示》，《北京调研》，2017 年第 8 期。

以论文和科研成果的发表为目的，而不是与市场对科研成果转化为现实生产力的需求紧密相连。私人研究机构和企业的研发活动也受到政府计划的限制，整个科学城不注重高科技的开发和应用，缺乏技术创新的动力。对此日本进行了制度改革，不仅实行了科学研究、教育机构的独立行政法人化，而且对科学城的参与主体、运行机制等也进行了相应的调整，实现了从最初仅作为基础研究基地的制度安排逐步向基础研究、应用性开发乃至企业化生产发展模式的转变。

（二）政府主导与市场脱节

筑波科学城的形成和发展完全靠政府指令，从规划、审批、选址到科研的整个过程和运行完全是政府决策，私人机构和企业被限制发展，整个科学城缺乏自我生存机制和造血功能。由于政府往往不能准确地把握市场需求、预测技术发展方向，就会出现干预错误或者干预过度的情况，此时应该由市场机制发挥作用。这一问题也体现在了筑波科学城的开发过程中。相对于筑波在日本基础研究领域的地位而言，筑波的产业基础没有得到相应的发展，产业规模与科研投入完全不匹配。筑波国立科研机构对企业的支持程度远远满足不了企业的需求。作为投资代理人的政府官员也没有渠道去了解市场、了解技术，研发人员本身的收入与研究成果及其创造的价值没有直接联系，导致科研成果没有能够得到充分应用，研究成本高而回报低限制了科学城的进一步发展。此外，筑波科学城受到中央政府的直接管理，中央和地方政府的发展目标不一致，导致科学城无法与当地经济有机融合。政府中的官僚作风也阻碍了科学城创新文化的形成，压制了科研人员的创造性，技术开发机制不健全，导致个人创造习惯受到抑制。从投入产出角度来看，筑波科学城效益不明显，没有达到预期的效果。

（三）科技研究机构对企业支撑不足

根据《关于筑波研究学园城市研究开发功能聚集效果的调查研究报告（中间报告）》，企业当初入驻筑波的主要原因是认为"可以利用国家设备和设施"（85%），但企业在此落脚后的实际效果为51%；民间研究机构选择在筑波创业的主要原因是"便于得到研究支援服务"（80%），而实际布局效果仅为41%，对国立科研机构的支援等支持程度感到明显不足。

（四）发展初期配套服务设施不足

在筑波科学城发展的初期阶段，住宅建设相对迟缓，公共交通设施相对较少，各类配套的教育、娱乐、休闲设施很不完善，致使城市的便利性长期处于不足状态，影响了人们在此居住的意愿性。日本政府通过不断加强现代化道路交通体系等基础设施建设，使筑波市拥有在日本其他城市极为少见的宽阔街道和森林花园般生态模范城的居住环境。自2005年8月连接筑波科学城和东京秋叶原的筑波高速轨道开通后，1小时即可到达东京市中心，极大地提高了筑波对各类外部资源的吸引力，同时也使园区具有较大的开放性。

第八节　以色列

以色列作为全球领先的科技创新强国，其特点之一是拥有世界一流的研发中心。几乎所有著名的科技大公司如苹果、谷歌、IBM、Facebook等都在这里建立研发中心。这些科技巨头都是因为以色列的科研环境慕名而来的。以色列用于研发的经费位于世界第三位，其研发经费占GDP的比重达4.25%（2016年），是世界上研发经费占GDP比重最高的国家之一。有"第二硅谷"之称的以色列，其高新技术产业尤为发达，在软件开发、通迅、生命科学领域等处于世界顶尖水平。

以色列被誉为"创业的国度"，人口不到900万，科技对GDP的贡献率达90%以上。每1万名雇员中就有140位科技人员或工程师；平均每1844个以色列人中就有一个人是创业主；在世界经济论坛发布的《2016—2017年全球竞争力报告》中，以色列的创新指数高居全球第二位，以色列被定义为全球最具创新性的经济体之一和全球37个创新驱动型经济体之一。以色列拥有4800家初创企业，每年新增约1000家初创企业。在纳斯达克上市的新兴企业总数超过欧洲各国新兴企业数量的总和，也超过了日本、中国和印度的总和，仅次于美国。

通过政府引导和推动科技研发、注重人力资源培育、鼓励全民参与创新创业等，以色列吸引了众多国际高科技公司在此开设研发中心。以色列的研发中心主要集中在特拉维夫和海法两大城市。据特拉维夫市政府统计，以色列67%的新创企业总部设在特拉维夫及周边地区，特拉维夫的创业环境排名世界第二，仅次于美国加州著名的硅谷。汇聚了大部分高科技公司的特拉维夫及其周边卫星城市，位于以色列西部平原，濒临地中海，与美国西海岸的加州地理位置类似。高科技产业云集的加州圣克拉拉谷被称为"硅谷"，而在阿拉伯语中，Valley的同义词是Wadi，这个词也被以色列人引入希伯来口语，因此特拉维夫的高科技带也被一语双关地称为"Silicon Wadi"，获得了"硅溪"的中文美称。

专栏5-18：从先天不足到号称"第二硅谷"

位于地中海东岸的以色列，有一半以上的国土被广袤无垠的内盖夫沙漠覆盖。而在沙漠以外，高原、山地又占去了大半土地面积。对这个国土资源稀少的国家来说，虽然地处中东，但油气资源却无法和周边的国家相提并论。

因对资源的依赖性较小，高科技产业成了以色列的选择。自国家建立以来，以色列一直致力于对高科技产业的投入。而无论是基础科学，还是创新技术，以色列都有自己的发展之道。如今的以色列，不仅在沙漠中开辟出了一片绿洲，更成为初创企业的摇篮。世界上最早出现的即时通讯软件ICQ，就在1996年诞生于以色列的Mirabilis公司。而除了Mobileye、Viber等声名在外的公司之外，还有无数不知名的初创公司以及跃跃欲试的科技创业者们遍布于特拉维夫等城市。

在这个国土面积刚过2万平方千米的国家，累计孵化超过6000家初创企业；这些数量众多、技术领先的初创企业，自然也吸引了风险投资机构和跨国公司的注意力。数据显示，从2005年至2014年，平均每年有约86家以色列公司被行业巨头收购。

一、政府激励的科技创业热潮

以色列政府设立的创新局（Israel Innovation Authority），前身是以色列经济部首席科学家办公室，主管以色列的创新政策并为推动以色列创新生态的发展提供资源和支持。创新局从政府部门独立出来，一方面是为了提高效率，另一方面也是为了紧跟市场的发展节奏。可以说，这次"分离"是在过去40年里以色列创新政策的最大变革。创新局的目标和功能是：发展以色列的创新基础建设；保持以色列在国际上"创业国度"的地位；为创新型科技研发提供资金支持；连接以色列经济与全球创新行业；完善政策、法律，促进政府与社会资本合作。创新局希望打破创业公司被行业巨头收购的局面，试图建立一个更加完善的孵化模式——不仅仅是孵化科技或想法，而是通过更丰富的合作项目，培养出属于以色列自己的大型集团公司。

在以色列的科技创新发展史中，曾经历了两次科技创业热潮：一次是1990年中期到2000年；另一次始于2005年。1993年，以色列政府推出名为"YOZMA"的计划。通过这一计划，政府为获得国际风险资本投资的科技公司提供1：1的匹配资金支持。这个计划在一定程度上刺激了以色列中小企业的崛起，短短几年间，以色列的创业公司就从100家增长到了800家。2000年之后，以色列曾经历过一段时间的互联网发展停滞期，政府为了鼓励创业，推行了新的孵化器计划，每年会在全国甄选出20个孵化器机构，并对其中的100个项目进行投资。经过这轮"刺激"，2005年，以色列又迎来了新一轮的科技创业热潮。

专栏5-19：特拉维夫政府贴心便利的创业服务

特拉维夫西面临海，地中海气候非常宜人，而整座城市的布局整齐又不乏跳跃感。随处可见的露天咖啡厅和餐厅，给城市带来了几分现代化大都市难得的情调。创业者们则可以充分享受着如此优美的环境，以便激发灵感。特拉维夫政府还充分利用城市设施以及市政府资源为创业者提供贴心便利的创业服务。

政府大力鼓励民间成立创业服务机构，如创业俱乐部、加速器等，旨在通过分享成功者的创业经历与经验，提供适宜的工作环境、完善的创业服务等。同时专门提供免费的创业咨询、培训服务，一个很人的创新想法被认可，政府将会立刻协助其对接投资者、孵化器等，帮助其将想法转化为现实。对于前来特拉维夫创业的外国人，政府将提供特殊的创业签证，并为初创企业提供风险投资等。

政府每年会举办若干场大型的创业活动。在活动期间，整个城市弥漫着一种节日般的氛围。所有的街边广告都清一色地换上了创业活动的海报，关键词永远都有关创新、创业、商业、科技这4个词。通过这种方式，增强创业者的自我认同感与满足感，同时提高创业圈外人的兴趣与热情，将圈内圈外联结起来。最盛大的一个创业活动，当数特拉维夫创业公司开放日（Startup Open Day）。每年一次，时间选在9月底到10月份之间，活动通常持续一周。开放日期间，特拉维夫所有的创业公司都敞开大门，热情洋溢地工作到晚上10点甚至更晚。与其说工作，倒不如说是一个"实地展览会"。对创业与科技充满热情的年轻人，便会参观不同的创业公司，和创始人及员工随意聊天。

　　特拉维夫目前已成为全世界充满理想的创业青年和狂热的科技爱好者们一心要"朝圣"的城市，并被评为目前全世界仅次于硅谷的最佳创业城市。

二、筑巢引凤的名企创新策略

　　以色列作为全球领先的科技创新之国，原因之一是拥有世界一流的研发中心。截至2016年12月，近400家知名跨国企业在以色列设有研发中心，包括苹果、谷歌、英特尔、微软、IBM、惠普、雅虎、甲骨文、西门子、通用汽车等企业[①]。这些企业中有80家为世界500强企业。英特尔、微软和IBM公司在以色列的研发中心均为在美国本土之外的第一个研发中心，并且成为全球研发倚重比例最高的部分。例如，苹果公司iPhone关键部件的研制、英特尔最核心的芯片研发等。

　　以色列推动了跨国企业的技术发展，跨国企业同样促进了以色列的经济发展，并提供了以色列一半的高科技就业岗位以及一半以上的研发资金。例如，英特尔公司1974年在以色列设立研发中心，研发了第一台个人电脑处理器、奔腾MMX处理器、各代奔腾笔记本电脑处理器、迅驰处理器等；2012年，该中心出口额占以色列全部出口额的10%、高科技产业出口额的20%；直接雇用8000名员工，间接提供23000个工作岗位。

[①]　禹洋：《探秘"创业国度"以色列：800多万人口拥有近6000家科创公司》，http://finance.ifeng.com/a/20161026/14962830_0.shtml。

专栏5-20：以色列研发中心的代表——海法马塔姆（Matam）科技园

　　海法有以色列最大的科技和工业园区，一些国际高科技公司在此地设立分公司进行生产和研发。海法之所以能发展成为科技新城，与马塔姆（Matam，希伯来语，意为"科学工业中心"）科技园密切相关。马塔姆科技园被誉为"以色列的硅谷"，位于以色列第三大城市海法市南边的入口处，是以色列最大、最早的高科技工业园区。马塔姆科技园由海法经济合作公司在20世纪70年代建立，占地面积约22万平方米，园区工作人员约8000人。科技园交通便利，2号高速公路与4号高速公路分别位于科技园东西两侧，北边有中央火车站与中央长途汽车站，东面有全长9000多米的卡迈尔隧道，将科技园与海法东部、北部连接起来。马塔姆科技园区规模并不大，却吸引了英特尔、微软、谷歌、飞利浦、苹果等众多国际一流科技企业在此设立研发中心，科技创新成果足以影响世界。

　　目前马塔姆科技园的法人是马塔姆公司，而马塔姆公司的股权由海法经济合作公司和Gav-Yam两家公司共同持有。前者是海法市政府独资设立的，拥有马塔姆公司49.9%的股份；后者属于IDB集团，掌握马塔姆公司50.1%的股份并负责公司的运营和管理。

　　马塔姆公司为园区提供全方位的管理和维护服务，包括物业、餐饮、育儿、医疗、邮政、交通等。园区自身银行、儿童托管中心、医疗、国际会议中心等一应俱全，为园区内工作人员的工作和生活提供了全方位的配套服务。园区管理方还可以根据企业需求，提供定制服务，如IBM进驻时提出"想将公司设在靠近大学的迦密山上"。于是，马塔姆公司在规划IBM企业大楼时，把它安排在了临近海法大学的地方。这里还拥有世界最大的地下医院——兰班医疗中心，一来为科技园区提供医疗保障；二来促进了产学研合作。例如，以色列理工学院、海法大学等高校中孵化的生物医疗公司，一直在与兰班医疗中心开展生命健康领域的创新性研发和实践。

三、教育立国的精英培养之道

　　以色列发展高科技是以高质量的人力资源作为坚强后盾的。以色列被誉为"教育王国"，截至2017年年底，劳动力总体规模为370万人，受教育程度高，其中约24%以上拥有大学本科学位。超过30%的大学毕业生就职于高科技行业，以工程学、数学、物理、医学为主。以色列人每年平均读书64本，其科技出版物为世界第一。这样的全国性人口教育结构，给以色列科技创新提供了人才保障。

以色列的创新教育更具特点，它强调创新是改变世界的根本，强调学生提出和解决问题的能力。犹太人重视教育的传统由来已久，在以色列正式建立国家之前，就已经在耶路撒冷建立了希伯来大学，在海法建立了以色列理工学院。以色列各类高校各专业多数是以顶尖科学家担当学科带头人，并形成学士—硕士—博士完整的人才培养体系。2014年数据显示，以色列以占世界0.1%的人口贡献了占世界0.9%的科学论文。

海法市拥有两所世界闻名的大学——以色列理工学院（The Teknion - Israel Institute of Technology）和海法大学（The University of Haifa）。坐落在海法市迦密山海滨之畔的马塔姆科技园，山上便是有"中东麻省理工"之称的以色列理工学院。以色列理工学院在以色列政界、军界、学界、商界均享有极高声誉，更是科技创新的沃土。据估计，以色列高科技公司的创始人和经理人中，70%以上毕业于以色列理工学院；以色列1700家高科技上市（在以或美）公司，其中一半是该所大学学生创办的。以色列的大学和斯坦福等硅谷周边名校一样，为创新提供了巨大的学术与科研支持。所谓近水楼台先得月，背靠知名大学，马塔姆科技园在吸纳优质人才方面得天独厚。正如以色列英特尔公司的总经理道夫·弗劳赫曼所言，英特尔公司之所以被吸引到海法，部分原因是这里有大量有才华的理科毕业生。英特尔公司决定在耶路撒冷设厂，也是因为那里技术人员集中。我们今天大量使用的U盘、第一代即时通讯系统、Adobe Acrobat阅读软件等科技新品都是马塔姆科技园、以色列理工学院毕业生的杰作。

专栏5-21：以色列理工学院——以色列高科技行业的脊梁

说到以色列理工学院，就不能不提爱因斯坦，因为世界著名科学家爱因斯坦曾经担任该校学术协会的首任主席。以色列理工学院是一所享誉全球的理工类大学，享有"中东麻省理工"之美誉。在纳米科技、生命科学、水资源管理、可再生能源、信息科技、太空和工业工程以及医学等领域，备受全球瞩目，是全世界10所曾组建及发射人造卫星的大学之一。

以色列理工学院可以说是以色列高科技行业的脊梁。学校每年组织科技创新大赛，并进行专门的创业培训指导。一些全球知名的发现，比如用于治疗帕金森的药物雷沙吉兰、用于环保发电和海水淡化的新方法、微卫星方面的人工技术等，均是这所大学的成就。以色列理工学院的学生们灌溉了以色列的经济，尤其是在国防和信息产业，除此之外也同样体现在医学、纳米科技、电气、土木工程、机械、管理和建筑领域。

从该学校毕业的理工、医学和建筑人才为以色列的基础设施建设做出了巨大贡献，并有效地推动以色列社会和经济方面的改革。如今，该校已成为世界一流的基础和应用学科研究中心。2012年1月7日，英国权威杂志《经济学人》称：以色列理工学院是以色列高新技术产业发展的重要推动者之一，帮助以色列实现从一个农业国家到半导体大国的转变。以色列理工学院科学园是以色列最成功的大学科学园，也是该国最大的孵化器之一，被誉为"以色列企业家孵化器"，该校毕业生也被称为"以色列高科技发展的引擎"。

四、独辟蹊径的军队创新孵化器

以色列以成熟的孵化器闻名于世，但其实军队才是其最初的孵化器，以色列国防军已经产生了一批杰出的创始人和CEO。除了Barzilay公司，还有知名公司如Outbrain、Stylit、Nice和Comverse等，它们的共同点是，创始人都曾服务于以色列8200部队[①]（以色列负责搜集信号情报和代码解密的情报部门）。

以色列军队的战斗力强，它培养出的创业者创新能力也特别强，一个重要原因是源自其强烈的危机意识。因严酷的外在生存环境而不断加大对国防科技的研发和投入，军事科技也因此成为以色列研发产业中最知名、研发能力最强的产业之一。如今，由以色列本国研制生产的无人机、预警机、航空电子设备等装备，性能居世界先进水平，甚至在某些方面超越了欧美发达国家。这些军工产业的产品和人才，大部分还会被用来反哺民用，进一步推动了高科技产业的发展。

---

① 以色列8200部队，相当于美国的NSA（国家安全局）或英国的政府通讯总部，是以色列国防军中规模最大的独立军事单位，是以色列的高科技安全产业的心脏。

以色列实行全民兵役制，军队贡献了众多创业创新人才。20世纪70年代，来自希伯来大学的两位科学家提出了"Talpiot（塔楼）"即超级精英培养计划。被选入计划中的很多人后来都成为了以色列科技界的重要人物。在这个超级精英培养计划中，军队每年从全国顶尖高中生中挑选2%合适的人，对其进行长达41个月的训练。这些兵士除了最基本的军事基础训练之外，还被要求加强在数学、物理方面的学习，以领悟"军队和科技之间的关系"。这样的结果就是，以色列军队不只战斗力强，创新和应变能力也很强。一个以色列投资人在当飞行员期间为了躲避导弹，发明了"回"字形的绕行方式，这个小发明让他在参战时成功地捡回了一条命。全民兵役制很容易形成一种战友型的创业团队模式。军队对创业的影响不仅体现在能让年轻人迅速成熟，尽早明确自己的目标，更给了他们拓展人际关系的机会。

专栏5-22：以色列的不服从

对一切事物进行质疑、探究；不囿于等级、阶层，敢于打破常规、与人争辩；开放、思辨却又专注，永不满足于现有成果，不断坚持创新。

这些创新所必备的精神似乎已经成为整个社会的共识。在企业中，员工可以畅所欲言，不必担心自己的看法会"冒犯"上级或者同事；在学校，永远保持怀疑和随时准备辩论成为学生的"权利"，只要有理有据，真理也是可以被"挑战"的；就连在军队，低级士兵也可以向高级军官发起"挑战"，以色列军队还因此成为世界上少有的没有等级观念的军队。

而这种"对权威的不服从"，其实早已深深镌刻在犹太人的思想文化之中，就连犹太人的律法都处在不断的讨论、补充、修订之中。而以色列的历史和国情，更让国民们相信：在危机之中没有什么是永恒的，只有依靠自己的双手才能活下去，实干精神因此成了以色列的另一创新要素。

有一个说法是：如果一个以色列商人有一个生意上的点子，那他在一周之内就会将它付诸实践。

长期的颠沛流离和残酷的生存危机确实造就了以色列人，或者说是犹太人不畏惧冒险、活在当下的精神。在以色列的创业者中，有很大一部分是连续创业者，哪怕已经赚到了足够自己下半生的生活资本，还是有很多人选择继续创业，即使他们已经是白发苍苍的老翁。当创新精神成了全民族的共识，以色列成为创新之国也就不足为奇了。

思考题

1. 本章介绍的国外主要科技创新中心有哪些共性特征？
2. 国际上哪些经验值得北京建设科技创新中心时借鉴？

延伸阅读

1. 吴军：《硅谷之谜》，人民邮电出版社2016年版。

2. 高维和：《全球科技创新中心：现状、经验与挑战》，上海人民出版社2015年版。

3. ［以］顾克文（Edouard Cukierman），［以］丹尼尔·罗雅区（Daniel Rouach），王辉耀（Huiyao Wang）：《以色列谷：科技之盾炼就创新的国度》，机械工业出版社2015年版。

4. 聂永有，殷凤，陈秋玲：《科创引领未来——科技创新中心的国际经验与启示》，上海大学出版社2015年版。

后　记

为帮助全市广大干部深入学习贯彻习近平新时代中国特色社会主义思想和习近平总书记对北京重要讲话精神，提高政治能力和纪律意识，增强北京历史文化底蕴，准确把握首都城市战略定位，明确职责和使命，全面提升素质和能力，更加奋发有为地推动首都实现新发展，市委组织部组织编写了北京市第一批干部学习培训教材。

本套教材共 6 本，每本由相关市级部门牵头编写，包括《中国共产党北京历史》《北京市情》《北京历史文化》《国际交往中心建设与干部素质》《全国科技创新中心建设认识与实践》《北京市干部警示教育案例选编》。本套教材由市委组织部策划和统筹协调，北京出版集团提供编写支持，北京市干部教育联席会议审定。

《全国科技创新中心建设认识与实践》由市科委牵头编写，旨在向全市干部普及科技创新中心相关知识，明确全国科技创新中心建设方向和路径，凝聚共识，共同推进全国科技创新中心建设。本书共分 5 章，主要围绕"什么是科技创新中心"展开，厘清了相关概念，明晰了科技创新中心的特征和构成要素，分析了北京建设科技创新中心的必要性和重要性，介绍了北京建设科技创新中心的目标和基础条件，梳理了北京地区科技创新资源的现状和优势，明确了科技创新中心的功能和发展目标，阐述了建设科技创新中心的具体路径，并梳理选编了国际上具有全球影响力的科技创新中心的发展情况，为北京全国科技创新中心建设提供参考。本书尽可能采用最新的数据和材料，由于 2018 年诸多统计数据尚未正式发布，为保证权威性和严肃性，本书主要数据和资料截至 2017 年年底，部分拓展至 2018 年，个别数据截至 2016 年。

本书由市科委党组书记、主任许强担任主编，负责书稿编写的总体指导和审核工作。怀柔科学城党工委委员、管委会副主任伍建民，市科委党组成员、副主任杨仁全担任副主编，负责具体指导和审核工作。市科学技术情报研究所承担具体的编写任务。龚维幂、刘彦锋、张东玲负责书稿统筹工作。张庆文、黎晓东负责本书大纲拟订、思路优化、内容完善、文字修改等。执笔人分工：第一章、第二章由张微撰写；第三章由西桂权撰写；第四章由张玉娟撰写；第五章由刘光宇和孙若丹撰写，刘光宇还参与了全书统稿工作。

中关村管委会原副主任夏颖奇、清华大学人文学院科技与社会研究所教授李正风、中国科协创新战略研究院院长罗晖参与了本书大纲、初稿和终稿的审读并给予指导。此外，中国科学技术发展战略研究院原副院长杨起全、中国科学技术发展战略研究院研究员宋卫国、市委党校副教授陆园园、市科委原调研员张星等专家对书稿给予了悉心指导。科技部战略规划司副司长余健提出了宝贵意见和建议。本书的编写工作得到了北京推进科技创新中心建设办公室"一处七办"相关单位的大力支持。市人力社保局和市委党校协助征求对本书大纲的修改意见。市委党校协助组织第13期研修班学员，西城区委组织部、海淀区委组织部协助组织干部试读并提出修改意见。

市委常委、组织部部长魏小东同志领导本套教材编写工作并给予指导，市委组织部副部长张彤军同志负责本套教材编写的日常领导。市委组织部干部教育处、干教中心负责组织协调工作。北京出版集团周浩等同志提供业务指导和服务保障。在此一并表示衷心感谢。

由于时间仓促和水平有限，书中难免存在疏漏和不足之处，敬请各位读者批评指正。

本书编写组
2019年2月